芳香植物誌

草木生香

葉鳳英——主編

內容簡介

人類使用香料的歷史及其久遠，中國人民早在5000年前就已經開始尋找並使用帶有香味的植物。植物精油是芳香植物的高度濃縮提取物，由數百甚至上千種成分所構成。

本書以科學嚴謹的文字，平實優美的敍述方式，娓娓講述30多種植物的名稱由來、氣味、功效等，配以畫報般精美插圖，與文字相得益彰，淋漓盡致地展現植物不為人知的美與生命力，探尋植物世界令人驚嘆的神奇功效與治愈力，為人們打開了一個芳香世界。

目錄

TABLE OF CONTENTS

阿米香樹精油

AMYRIS OIL

英文名稱：Amyris
植物學名：Amiris balsamifera
科　　屬：芸香科 Rutaceae
加工方法：水汽蒸餾
萃取部位：主幹或主枝木材
主要成分：杜松烯、石竹烯

阿米香樹富含油脂，很容易點燃，因此也被稱為蠟燭樹，多生長在海地的山坡地帶。在一片矮樹叢中，它開著白色的小花尤其醒目可愛。阿米香樹屬常綠樹木，其珍貴的樹脂是從樹皮中流出來的。由於易燃，阿米香樹經常被劈做柴火用。在海地海邊，每當夜晚來臨，當地的人們經常把阿米香樹枝條點燃做火把，吸引螃蟹聚集。而深山裏居住的村民為了在夜間能繼續趕路，將山貨運往城裏，也是點燃阿米香樹枝用以照明。當阿米香樹的火把被點燃，一路奔波的人們聞到空氣中隱隱飄來的木質芳香，內心彷彿受到巨大的慰藉，疲憊和困倦也被一掃而光。由於阿米香樹的木質堅硬耐用，當地人也常常砍伐回來拿它做籬笆，建築自己的院子。

第二次世界大戰前，途徑海地、委內瑞拉和牙買加，阿米香樹木材被切成塊運往德國，德國人用此蒸餾出的精油和印度檀香頗為相似。在功效上，阿米香樹精油也具有抗菌消炎、安撫、鎮靜、抗痙攣等作用，所以又被稱為「西印度檀香」。雖然並不屬檀香科，但阿米香樹精油的特質較之於檀香，卻有其特殊的豐富性，其清淡柔和的木質芳香能給人帶來強烈的感受，營造堅定、寧靜之感，撫慰不安的心靈，迅速恢復內在的平衡。

不同地區產出的阿米香樹精油品質不同，樹齡和含水量是影響精油品質的主要因素。在香水工業中，阿米香樹精油常用於定香劑。在芳香療法中，它常用於緩解咳嗽等症狀，對於降低血壓、穩定情緒也有一定作用。

國醫解讀

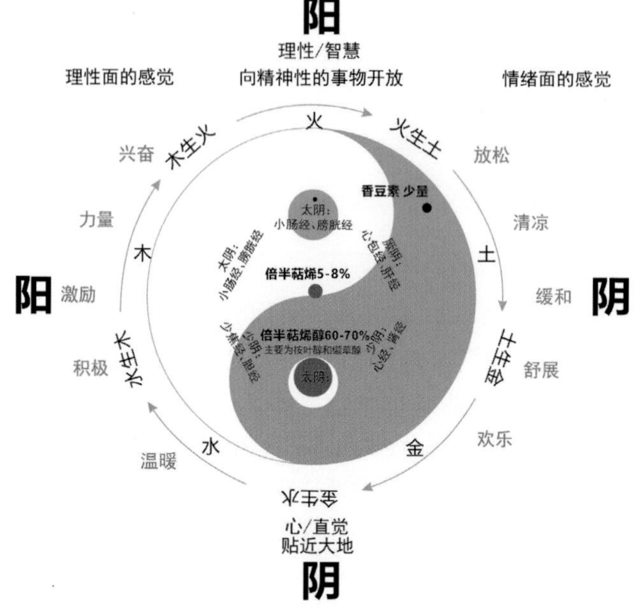

性味與歸經：

溫、辛。歸心、肺、脾經。

功效：

心經：阿米香樹入心經，可以通經絡、打通淋巴系統瘀塞、激勵免疫系統，有助於治療睡眠問題、緩解神經緊張和心神不寧。

肺經：阿米香樹入肺經，具有抗菌和消炎的功效，能緩解皮膚發炎的狀況，適用於爛瘡和褥瘡等。

脾經：阿米香樹入脾經，具有收縮靜脈血管，改善血液循環的功能，用於靜脈曲張和痔瘡等。

日常應用

抗菌、消炎、化痰、鎮靜、安撫、抗痙攣、降低血壓。

使用方法：擴香、外用。
保存方法：置於深色玻璃瓶中常溫保存，建議玻璃瓶放在木盒中，以降低溫度的波動。未開封的純精油可以保存6年，已開封的最好於2年內用完，若已調和為按摩油，於3個月內用完效果最佳。
注意事項：一般認為阿米香樹精油是安全的，也不會引起光過敏反應。但它氣味縈繞不絕，有人未必會習慣。同時，過敏體質的人使用高濃度的阿米香樹精油會引起不良反應。

香薰用法

作用：鎮靜、安撫。
配方：阿米香樹精油2滴、薰衣草精油1滴、迷迭香精油1滴。
用法：將上述精油滴入擴香機中，插上電源，開始享受芬芳的薰香。

按摩用法

作用：有助於治療咳嗽、支氣管炎、緩解疲勞和肌肉痛。
配方：尤加利精油5滴、阿米香樹精油3滴、羅馬洋甘菊精油2滴、分餾椰子油20mL。
用法：將上述精油與分餾椰子油混合均勻成按摩油，按摩不適部位。

配伍精油

安息香、快樂鼠尾草、乳香、天竺葵、洋甘菊、迷迭香、尤加利、茉莉、薰衣草、玫瑰、花梨木、依蘭依蘭。

佛手柑精油
BERGAMOT OIL

英文名稱：Bergamot
植物學名：Citrus bergamia
科　　屬：芸香科 Rutaceae
加工方法：冷榨
萃取部位：果皮
主要成分：乙酸芳樟醇、檸檬烯、乙酸香葉酯、乙酸松油酯

關於佛手柑名字的來源，一種說法是意大利一個小城最早種植佛手柑，佛手柑的名字也就來源於小城之名。另一個說法是哥倫布在航行中途徑卡納利島，從而發現了這種植物，並將它帶入西班牙和意大利。歷史上，1725年佛羅倫薩人開始使用佛手柑，它以著名藥材的身份被意大利民間廣泛使用，具有殺菌和淨化的能力，治療各種炎症和疼痛，所以它也被稱為來自佛羅倫薩的藥果。

佛手柑精油萃取自它的果皮，據說最上乘的佛手柑精油，是從成熟果實的果皮萃取出來的。而未成熟就掉落的果實萃取出的精油質量相對就會差一些。佛手柑精油淡雅清新，融合了水果甜和花朵的香，是一種特別溫和的精油，而且用途廣又十分安全，往往孕婦也能使用，但謹慎起見，在劑量和用法上應先諮詢專業人士。它也是芳香療法中常用的一款精油，與薰衣草等精油一樣，佛手柑精油從問世以來，就是化妝品行業、香料行業最為常見的精油之一，很多經典香水的主要成分就是佛手柑，很多飲料裏也添加了它。

佛手柑精油在安撫情緒上效果卓越，特別是針對因為憂鬱和焦慮患上失眠症的人群，還有心情沮喪、心力交瘁，而無法放鬆的人，佛手柑精油就如同一隻富有魔法的手，巧妙地將植物的能量傳導給受傷的心靈，讓他們在自然的芳香中放鬆下來，淨化思緒，強化記憶力，重整身心。值得一提的是，佛手柑精油有光敏性和非光敏性兩種，使用完光敏性佛手柑精油，不要立刻去曬太陽。

國醫解讀

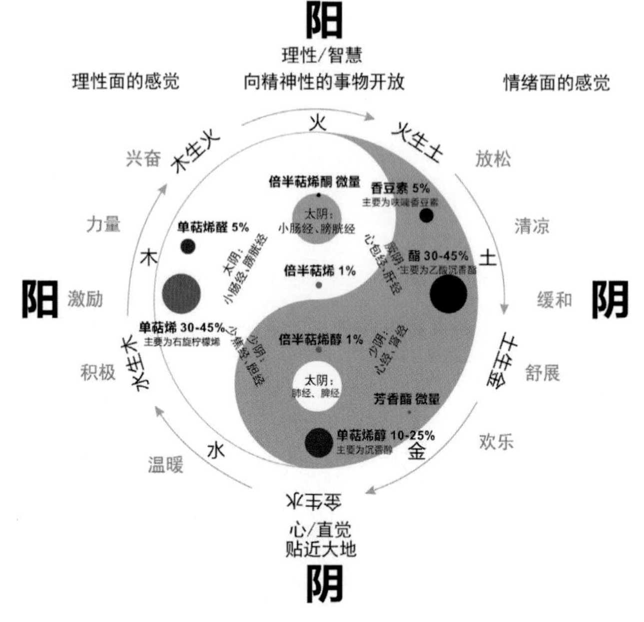

性味與歸經：

性辛、苦、溫。歸肺、脾、肝經。

功效：

肺經：佛手柑入肺經，具有強效抗細菌、防腐（殺菌）、抗病毒、刺激免疫反應的功效，適用於喉嚨痛、發燒、頭痛、痤瘡、粉刺、濕疹、乾癬等。

脾經：佛手柑入脾經，適用於胃脹氣、食欲不振、腹痛、嘔吐，還可調節血糖等。

肝經：佛手柑入肝經，具有疏肝理氣、提高肝臟功能的功效，可降肝火、穩定情緒、平息怒火等。

日常應用

喉嚨痛、發燒、頭痛、心因性消化問題、膀胱炎、月經不調、更年期症狀、乳房切除引起的淋巴液阻塞、心因性肌肉抽筋、無法集中注意力、睡眠障礙、沮喪、冬季憂鬱症、恐懼。

使用方法：擴香、外用。

保存方法：置於深色玻璃瓶室溫中保存，建議玻璃瓶放在木盒中，以降低溫度的波動。未開封的純精油可以保存6年，已開封的最好於2年內用完，若已調和為按摩油，於3個月內用完效果最佳。

注意事項：避免在白天使用，敏感肌膚者需謹慎使用。

香薰用法

作用：振奮精神，消除緊張、焦慮。

配方：佛手柑精油3滴(單獨使用或混合使用)、檀香精油2滴、天竺葵精油1滴。

用法：將上述精油滴入擴香機中，插上電源，享受芬芳的薰香。

按摩用法

作用：調節油脂分泌、去除油光。

配方：佛手柑精油2滴、杜松子精油2滴、薰衣草精油2滴、荷荷巴油10mL。

用法：將上述精油與分餾椰子油混合均勻成按摩油，按摩於臉部，注意不要白天使用。

配伍精油

佛手柑精油可以和任何一種花香型精油混合，帶來迷人的味道，還可以和羅勒、快樂鼠尾草、絲柏、雪松、杜松、乳香、檀香以及其他柑橘類精油配伍。

青檸精油
LIME OIL

英文名稱：Lime
植物學名：Citrus aurantifolia
科　　屬：芸香科 Rutaceae
加工方法：冷榨法
萃取部位：果皮
主要成分：檸檬醛、檸檬烯、香檸檬內酯

青檸是柑橘類水果，酷似檸檬，也被叫作萊姆，因為它的果實是淡綠色的。青檸品種眾多，可分為酸青檸和甜青檸兩大類。雖然青檸的維C含量不如檸檬高，但在眾多水果中，它也可以稱得上是維C的天然倉庫了。青檸最早產於印度，十字軍東征時被帶入西方，現在主要出產自美洲和歐洲等國家。但也有人說是摩爾人將青檸帶入歐洲的，早在16世紀，葡萄牙和西班牙人開始海上探險活動，青檸又被他們經由海上帶到了美洲，當時航行在大洋中的一艘艘船隻滿載青檸。船上可以吃到的食物單一，經常會有船員因為營養問題患上壞血病，而青檸正好為他們提供了豐富的維C，慢慢地，人們便將運送青檸的船隻稱為「果汁機」。青檸的氣味清朗爽利，聞上去令人耳目一新。在西方，很多飲料和調味料會加入青檸，另外人們也創造性地在香水中加入了青檸。

青檸精油的氣味清新活潑，與花香類精油一起調用往往會增強花香的華麗感，是人們慣用的一種方式。在芳香療法中，它自由揮發，帶著柑橘類精油特有的苦和甜味，在空氣中創造並抒發著一種淡然而自在的情愫。它總能讓人放鬆心情，讓情緒自由流動，最終敞開門扉，道出久違的心聲。青檸精油的舒緩功能也可以讓人在抑鬱和無精打采時重整旗鼓，煥發神采。

另外，青檸精油還有治療感冒、提高免疫力的功效。還能收斂和調理皮膚，可以幫助改善橘皮組織，讓肌膚變得柔潤，據說它還可以止血。青檸精油能有效促進消化液的分泌，幫助厭食症病人打開胃口。因為它還有淨化和排毒的作用，可以加速酒精在體內分解和代謝，有護肝養肝的功效，所以對喜愛飲酒或者忙於各種應酬的人士來說，青檸精油可以算作常備神器，可以幫助其保護身體，預防酒精中毒。

國醫解讀

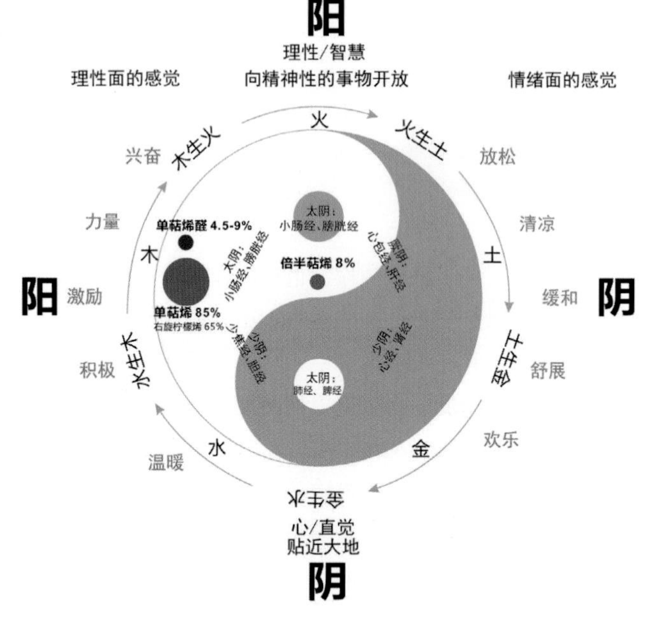

性味與歸經：

苦、澀。歸心、肺、脾、胃、大腸經。

功效：

心經：青檸入心經，具有激勵、溫暖、平衡的功效，能使人朝氣蓬勃、充滿活力、舒緩壓力等。

肺經：青檸入肺經，具有預防感冒、發燒、抗菌、抗病毒的功效，能治愈呼吸系統的病毒感染和支氣管炎，適用於流感、腮腺炎、咳嗽、感冒等。

脾、胃、大腸經：青檸入脾、胃、大腸經，能調節食欲、刺激消化液的分泌，適用於消化不良、胃脹氣、食欲不振等。

日常應用

感冒；支氣管炎；發燒；免疫功能低下；室內空間消毒；低血壓；橘皮組織；害喜；恢復期；注意力不集中；無精打采；憂鬱傾向。

使用方法：擴香、外用。

保存方法：置於深色玻璃瓶室溫中保存，建議玻璃瓶放在木盒中，以降低溫度的波動。未開封的純精油可以保存6年，已開封的最好於2年內用完，若已調和為按摩油，於3個月內用完效果最佳。

注意事項：青檸精油具有光敏性，應避免在白天使用，以免造成黑色素沉澱，敏感肌膚者需謹慎使用。

香薰用法

作用：淨化空氣，趕走沉悶、沮喪。

配方：青檸精油2滴、佛手柑精油2滴、葡萄柚精油2滴。

用法：將上述精油加入薰香燈中，心情不好時使用，馬上快樂起來。

按摩用法

作用：柔潤肌膚、愉悅心情。

配方：青檸精油1滴、天竺葵精油1滴、分餾椰子油10mL。

用法：將上述精油與分餾椰子油混合調勻為按摩油後，按摩臉部，由於青檸精油具有一定的光敏性，建議晚上使用。

配伍精油

佛手柑、天竺葵、薰衣草、橙花、肉豆蔻、玫瑰草、玫瑰、依蘭依蘭。

葡萄柚精油

GRAPEFRUIT OIL

英文名稱：Grapefruit
植物學名：Citrus paradisi
科　　屬：芸香科 Rutaceae
加工方法：壓榨或蒸餾
萃取部位：果皮
主要成分：檸檬醛、檸檬烯

葡萄柚的來歷充滿傳奇，一種說法是，早在1750年，這種植物在南美的巴巴多斯島被傳教士發現，19世紀80年代被引進美國。也有傳說稱這種植物是橙樹的變種，最早產於西印度群島，當時叫作沙達克的船長把它帶回到其他地區，葡萄柚的果實也就被命名為「沙達克果」。

很多地方把葡萄柚叫作西柚，它是芸香科柑橘屬的常綠果木，果實排列非常緊密，遠看像一串串葡萄，簇擁著生長在枝頭，葡萄柚的叫法由此而來。柑橘類的植物果實大都散發著甜甜的果香，在嗅覺上清爽宜人。葡萄柚和橘、橙、柑同宗，也跟柚有血緣關係，這樣的出身注定它天賦美好的香氣，也奠定了它在果類植物中特殊的地位，一經發現，就成為西方上流社會廣受追捧的果類，人們將它添加到各種食品和飲料中，以不同的方式享受著它的芬芳。

葡萄柚精油采用壓榨和蒸餾的方式萃取果皮中的精華，當一滴滴純淨的精油滴落出來的時候，縷縷芳香猶如遙遠深邃的植物叢林中捎來的問候，也像空幽山間泛出的流水輕音，渾然天成的清爽氣息滌蕩掉雜質，眷顧人類身心，聞嗅之間油然升起愉悅感與幸福感。

據研究證實，葡萄柚精油可以滋養組織細胞，抗感染、抗病菌。另外，它含有柚皮素，可以加速人體脂肪燃燒，有效避免脂肪堆積。近年來很多瘦身產品中都加入了葡萄柚成分，原因就是在此。在芳香療法中，葡萄柚精油的氣味對舒緩情緒有所幫助，它可以刺激人體神經，令陷入不安的人鎮靜下來。其飽含甘美的香氣也可讓人產生滿足感，將空蕩蕩的欲壑填滿，所以葡萄柚精油總是能給失落的人帶來一身的幸福感。

國醫解讀

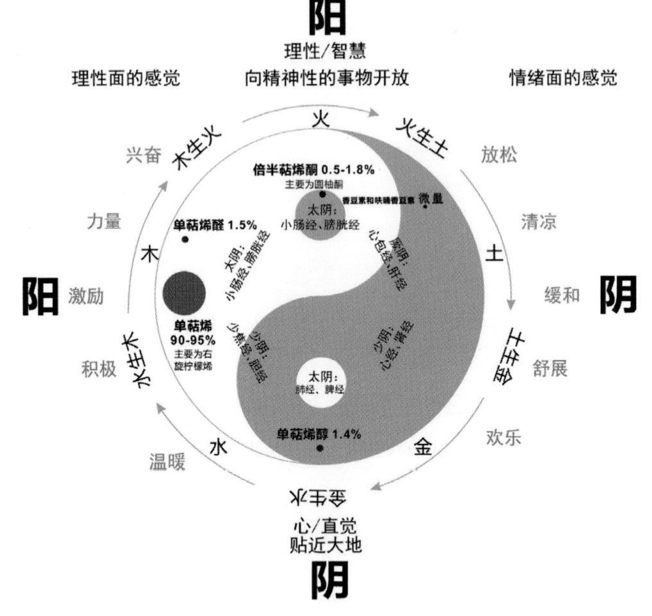

性味與歸經：

辛、甘、澀。歸心包、三焦、肝、脾經。

功效：

心包經：葡萄柚入心包經，能預防心血管疾病的發生，具有激勵、清淨、愉悅的功效，能消除沮喪、對抗抑鬱、戒癮、穩定中樞神經、緩緊張焦慮等。

三焦經：葡萄柚入三焦經，能促進人體新陳代謝，維持水分平衡，提高人體免疫力和抗病能力，利尿、肥，加速身體排毒。

肝、脾經：葡萄柚入肝、脾經，能促使腸胃分泌消化液，從而增進食欲，促進腸胃消化。還能調節血壓和人體膽固醇的含量，促進血液循環，增強血管韌性。

日常應用

提振精神、抗菌、消炎、化痰、鎮靜、安撫、開胃、調理。

使用方法：擴香、外用，食品裏添加使用，稀釋使用。
保存方法：置於深色玻璃瓶室溫中保存，建議玻璃瓶放在木盒中，以降低溫度的波動。未開封的純精油可以保存1年，已開封的最好於6個月內用完，若已調和為按摩油，於3個月內用完效果最佳。
注意事項：葡萄柚精油一般比較安全，不具有光敏性，保質期比較短，請在購買後6個月內用完。

香薰用法

作用：提振精神、安撫情緒。
配方：葡萄柚精油2滴、迷迭香精油1滴、檸檬精油1滴。
用法：將上述精油滴入擴香機中，插上電源，享受芬芳的薰香。

泡浴用法

作用：促進淋巴循環、幫助肥。
配方：葡萄柚精油2滴、薰衣草精油2滴、杜松精油2滴、分餾椰子油5mL。
用法：將上述精油與分餾椰子油混合，倒入浴缸中，攪拌均勻後，全身泡浴。

配伍精油

葡萄柚精油可以很好地與其他柑橘類精油配伍，也能與芫荽、天竺葵、玫瑰、薰衣草、迷迭香、雪松、杜松等配伍。

野橘精油

MANDARIN GREEN OIL

英文名稱：Mandarin green
植物學名：Citrus reticulata
科　　屬：芸香科 Rutaceae
加工方法：壓榨法
萃取部位：果皮
主要成分：檸檬烯、月桂烯

野橘也叫綠橘，原產於印度和中國。在中國，橘的歷史悠久，在文化史上佔有重要位置。在先秦文獻中，被提到最多的果樹就是橘樹，屈原的《橘頌》就是為大眾所熟知的歌頌橘的文學作品。在中國人的文化傳統中，橘象徵著高潔與美好。在民間，人們也經常採橘朝聖或者驅邪，橘也是吉祥如意的象徵。

英文橘Orange源自阿拉伯文，據說當年十字軍東征將這種植物帶到歐洲。慢慢地，世界更多地區的人知道了野橘，有的將它做成茶品，有的將它添加到香水和食品中，不斷擴展著它的使用領域。

每一顆野橘果實，都如同一顆金黃的小太陽，散發著甘甜、清新的活力。而野橘精油正是萃取自它的果皮，每一滴清澈的精油都讓人聯想到自然界清新的風、甘甜的果香。光是輕嗅就能讓人賞心悅目，心曠神怡。精油萃取使用的是冷壓榨取的方法，可以最大程度上保留其成分的純正性。野橘精油中含有豐富的單烯，作用於免疫系統，極具淨化和激勵的功能。每當季節交替的時候，準備一瓶野橘精油，是預防感冒、清潔居家環境的絕妙選擇。很多清潔劑中也加入了野橘精油，增強了其消毒殺菌的功效。

另外野橘精油萃取自植物成熟的果實，也將飽和的陽光能量完好地保存進了每一滴精油之中，在嚴酷的冬季使用再好不過。特別是按摩或者沐浴時，加入野橘精油可有效舒緩身心、提振精神。野橘精油性格特別溫和，可以和多種精油調和在一起使用，並且可增強混合的精油功能。值得注意的是，它具有光敏性，使用之後，要延緩曬太陽的時間。

國醫解讀

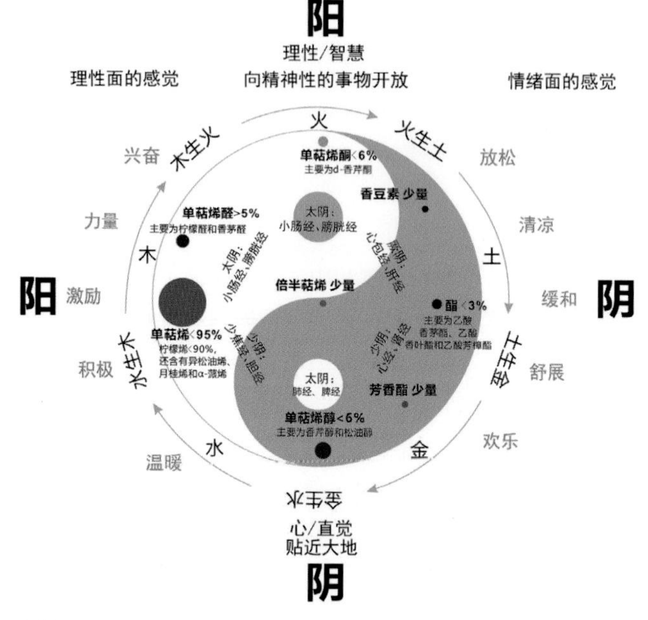

性味與歸經：

苦、辛、溫。歸心、肺、脾、胃、大腸、小腸、肝經。

功效：

心經：野橘入心經，其氣味溫和圓潤，讓人感到心情愉悅，具有激勵、平衡、溫暖的功效，有助於緩解抑鬱、穩定心神、促進睡眠、輕焦慮等。

肺經：野橘入肺經，具有抗病毒、抗氧化，改善衰老的功效，適用於支氣管炎、感冒、流感、發燒，可以緊緻皮膚、淡化細紋、抑制體內黑色素沉澱、黃褐斑、妊娠斑等。

脾、胃、大腸、小腸經：野橘入脾、胃、大腸、小腸經，可以調理和刺激腸胃蠕動，有效地排除體內的垃圾和毒素，清除體內的自由基，促進血液循環，刺激肝臟代謝，加速脂肪分解。

肝經：野橘入肝經，具有抗痙攣、利膽、利消化吸收、護肝的功效，適用於痔瘡，可促進膽汁分泌、調節代謝等。

日常應用

感冒；消化不良；淋巴瘀滯；風濕症狀；膀胱炎；橘皮組織；害喜；職業倦怠；憂鬱傾向；振奮精神。

使用方法：擴香、外用。
保存方法：置於深色玻璃瓶室溫中保存，建議玻璃瓶放在木盒中，以降低溫度的波動。未開封的純精油可以保存6年，已開封的最好於2年內用完，若已調和為按摩油，於3個月內用完效果最佳。
注意事項：野橘精油具有光敏性，皮膚按摩後要避免曬太陽。

香薰用法

作用：淨化空氣，緩解抑鬱、煩躁。
配方：野橘精油可單獨使用，或配合其他花香型及木香型精油香薰。
用法：將上述精油滴入擴香機中，插上電源，享受芬芳的薰香。

按摩用法

作用：促進消化、提振食欲。
配方：野橘精油3滴、蒔蘿精油1滴、薄荷精油1滴、分餾椰子油10mL。
用法：將上述精油與分餾椰子油混合均勻成按摩油，順時針方向按摩腹部。

配伍精油

野橘精油可以很好地與其他柑橘類精油配伍，也能與芫荽、天竺葵、玫瑰、薰衣草、迷迭香、雪松、杜松等配伍。

八角茴香精油
OIL OF STAR ANISE

英文名稱：Star anise
植物學名：Fructus anisi stellati
科　　屬：八角科 Illiciaceae
加工方法：蒸餾法
萃取部位：種子
主要成分：小八角茴香醛、丙烯基八角茴香醚

八角茴香是一種古老的常綠植物，原產自東亞。果實長到鮮的時候就被蒸餾，加工成八角茴香精油。追根溯源，八角茴香是從中國的大茴香演變來的，因為是綠色，又被稱為綠茴香。日本也有一種八角茴香，叫Illiciumreligiosum，卻是有毒的。

在中國，八角茴香很早就是烹飪中的重要調料，在今日，無論大江南北，中國人的厨房裏都少不了它的影子，特別是烹食葷菜，八角茴香更是不能缺席。在古代，人們經常將八角茴香列入中藥行列，利用它開胃、增進食欲的功效，另外它還有助緩解胃腸道脹氣、消除阻塞。

在中南半島上，生產八角茴香是那裏的鄉村工業中一項重要項目。因為八角茴香既可以進入厨房，又可以入藥，它的需求量不在少數。有時候，人們也將八角茴香打成粉，加入茶或者咖啡中，取它的香味入飲也是一大享受。原來只有烹食肉類的菜餚才會加入八角茴香，近年來，很多甜點也加入這種調味劑，變著花樣增進人的食欲。

在16世紀，八角茴香由英國探險家帶入歐洲，以其濃烈的香氣和在食品製作中的用途，很快受到歐洲人的歡迎。很多外國人不但用它烹製美食，甚至在釀酒的時候都會用到它。

八角茴香提煉出的精油味道辛辣刺激，極具穿透性，是一款強勁的精油，可能會過度刺激到神經系統。在芳香療法中，一般是不使用這款精油的，除非情況特殊，也要先做過敏測試。即便如此，八角茴香精油還是有很多好處，比如調解胃腸道功能、治療感冒、緩解經期不適等，讓善於使用它的人津津樂道。

國醫解讀

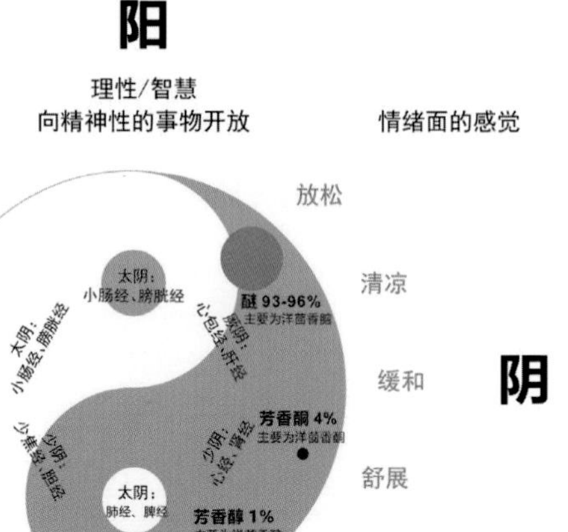

性味與歸經：

味辛、性溫。歸腎、肝脾、胃、肺、心包經。

功效：

腎經：八角茴香入腎經，具有類雌性激素作用，適用於經血過少、閉經、更年期綜合症、痛經等症。

肝、脾、胃經：八角茴香入肝、脾、胃經，具有促消化、降低胃液酸度、預防胃潰瘍和護肝等功能，適用於腹痛、痙攣、胃酸過多、腹脹、消化功能紊亂、胃炎等。

肺經：八角茴香入肺經，具有抗痙攣、鎮痛和抗菌的功效，適用於哮喘性支氣管炎、肺淤血等。

心包經：八角茴香入心包經，具有促進血液循環、提振心情、安撫的功效，有利於情緒放鬆、調節中樞神經等。

日常應用

感冒症狀；乾咳；消化問題；腸胃脹氣；阻塞；胃痙攣；月經不適；乳汁分泌減少。

使用方法：外用。

保存方法：置於深色玻璃瓶室溫中保存，建議玻璃瓶放在木盒中，以降低溫度的波動。未開封的純精油可以保存6年，已開封的最好於2年內用完，若已調和為按摩油，於3個月內用完效果最佳。

注意事項：八角茴香精油屬強效精油，有麻醉作用，建議使用1%以下的低濃度比例進行稀釋或調和。孕期及癲癇病患者應忌用。

按摩用法

作用：緩解胃氣脹。

配方：八角茴香精油5滴、乳香精油2滴，分餾椰子油20mL。

用法：將上述精油與分餾椰子油混合均勻成按摩油，順時針方向按摩腹部。

配伍精油

月桂、佛手柑、芫荽、豆蔻、小茴香、薑、雪松、柏樹、柑橘。

胡蘿蔔籽精油

CARROT SEED OIL

英文名稱：Carrot seed
植物學名：Daucus carota
科　　屬：傘型科 Apiaceae
加工方法：水汽蒸餾
萃取部位：種子
主要成分：胡蘿蔔醇、細辛腦、沒藥萜煙

胡蘿蔔是一種人人都不陌生的蔬菜，但是萃取精油的胡蘿蔔卻是野生的，不是被我們食用的品種，野生胡蘿蔔的種子含油量高，根細小，是17世紀由荷蘭人培育出來的。

胡蘿蔔的價值在古代就備受推崇，公元1世紀，人們就開始用它烹飪和入藥。早期的希臘藥典中，在對胡蘿蔔的稱呼還不清楚的時候，它就已經是應對疾病的座上賓了。胡蘿蔔裏富含胡蘿蔔素，在體內可轉化為維生素A，作用於人體牙齒、皮膚和毛髮，是維持生命運行不可或缺的一種物質。法國人偏愛胡蘿蔔，16世紀，它在法國的醫院裏被規定為醫療處方，而胡蘿蔔籽精油現在在法國的芳香療法行業，也是慣常使用的一款精油。從16世紀開始，人們發現它在應對皮膚疾病上有非常棒的功效，使用胡蘿蔔籽精油進行治療的風氣日漸風靡。

胡蘿蔔籽精油呈淡黃色，散發著濃郁的香味。它的功效彰顯在護膚領域，無論何種膚質，都能激勵皮膚細胞再生。年輕人使用，可以令肌膚更加緊緻飽滿，富有彈性。而成熟肌膚使用，則可以應對色素暗沉、皮膚鬆弛老化，是早衰皮膚的救星。對皮膚的清潔、補水、美白、祛斑等問題，它也有回春功效。可以說，一款胡蘿蔔精油可以全面照顧到皮膚裏裏外外的需求，是愛美人士當之無愧的守護級法寶。

胡蘿蔔籽精油的淨化功能是全方位的，猶如天然的洗滌劑。在外淨化皮膚，在內能加速肝臟排毒，對肝膽和腎臟有清理作用，而且改善肝炎的效果十分出名。此外它還是一款幸福的精油，可以有效調解荷爾蒙分泌，幫助女性受孕。

國醫解讀

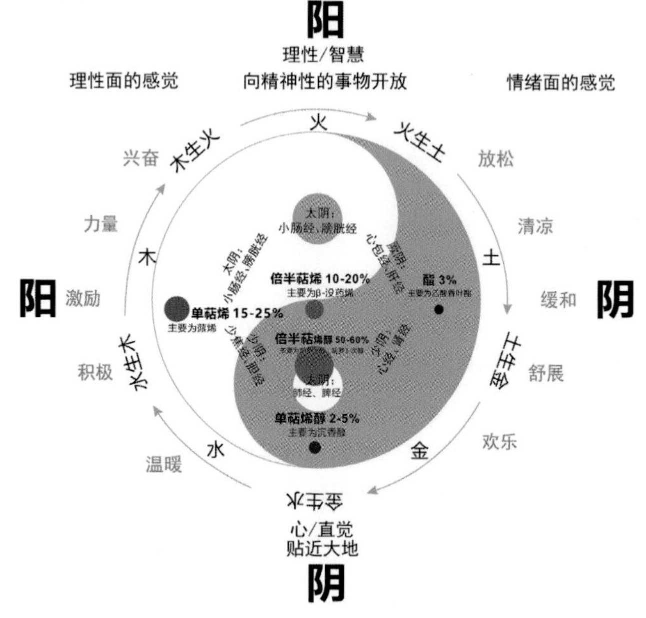

性味與歸經：

性平、甘。歸肝、脾、肺經。

功效：

肝、脾經：胡蘿蔔籽入肝、脾經，具有肝臟袪毒、滋補靜脈、提高新陳代謝的功效，適用於黃疸、關節炎、痛風、水腫、風濕病、胃積食等。

肺經：胡蘿蔔籽入肺經，可以增強鼻孔、咽喉和肺臟粘膜功能，有益於支氣管炎和流行性感冒的痊愈。

日常應用

身體淨化、清腸理氣、提振精神、幫助受孕、增加皮膚彈性、祛皺、抗衰，促進疤痕結痂。

使用方法：外用。
保存方法：置於深色玻璃瓶室溫中保存，建議玻璃瓶放在木盒中，以降低溫度的波動。未開封的純精油可以保存6年，已開封的最好於2年內用完，若已調和為按摩油，於3個月內用完效果最佳。
注意事項：胡蘿蔔籽精油一般比較安全，但過敏性肌膚還需小心使用。稀釋使用，孕婦忌用。

按摩用法

作用：調節內分泌、幫助受孕。
配方：胡蘿蔔籽精油5滴、杜松精油1滴、天竺葵精油1滴、玫瑰精油1滴、甜杏仁油20mL。
用法：將上述精油混合均勻成按摩油，每天一次按摩全身，如不能全身按摩，也可按摩相應穴位或部位。

泡浴用法

作用：緩解過敏瘙癢、舒緩皮膚。
配方：胡蘿蔔籽精油5滴、德國洋甘菊精油3滴、甜杏仁油10mL。
用法：將上述精油與分餾椰子油混合，塗抹全身尤其是患處，泡入浴缸中，10—15分鐘。

配伍精油

佛手柑、杜松、洋甘菊、薰衣草、檸檬、青檸、迷迭香、馬鞭草。

歐白芷精油

ANGELICA OIL

英文名稱：Angelica
植物學名：Angelica archangelica
科　　屬：傘型科 Apiaceae
加工方法：水汽蒸餾
萃取部位：種子、根
主要成分：香柑油內酯、檸檬烯

歐白芷是一種藥草，多生長在有水的岸邊，分布在北歐以及俄羅斯等地。傳說這是在大瘟疫時天使為拯救人類所生的一種草，所以名字「Angelica」是從天使的英文「Angel」而來，也被叫作「天使草」。歐白芷藥用的歷史悠久，3世紀時就有醫生告知人們，歐白芷可以治腹痛。倫敦大瘟疫期間，人們焚燒歐白芷的種子來潔淨空氣，咀嚼它的根莖預防病毒侵襲。詹姆斯一世時的杰出醫師曾經將它作為醫療處方預防感染，17世紀的法國草藥學家丘梅和雷梅裏也多次說起歐白芷有殺毒、化痰和發汗的功效。還有醫生發現它能激勵消化和神經系統，從而對厭食症的治愈也有好處。歐白芷非常滋補身體，可通經活血，恢復機體生機，對女性機體受損導致的不孕不育有非常顯著的改善，它的滋補功效堪比中國的當歸，有「洋當歸」的稱號。

歐白芷精油分兩種，一種提取自它的根，一種提取自它的種子。種子含油量多，但是功效還是根部精油強。精油雖然是液體，但是很濃稠，無色的精油放置一段時間會轉黃，繼續放置當變成棕黑色時就不能再使用了。

歐白芷精油殺菌消毒的效果非常好，預防病毒傳染一般都少不了它。它也是腸胃脹氣與消化不良的剋星，在芳療中，提振精神、疏通經絡、活化氣血的能力不遜色於各種藥物。它的各種功效強效彪悍，在頑症面前恰似鋼鐵硬漢，但又氣味甜美，草藥香中散發著一絲麝香氣息，彷彿溫情脈脈的女性，所以有人說歐白芷精油是「鐵漢柔情」。

國醫解讀

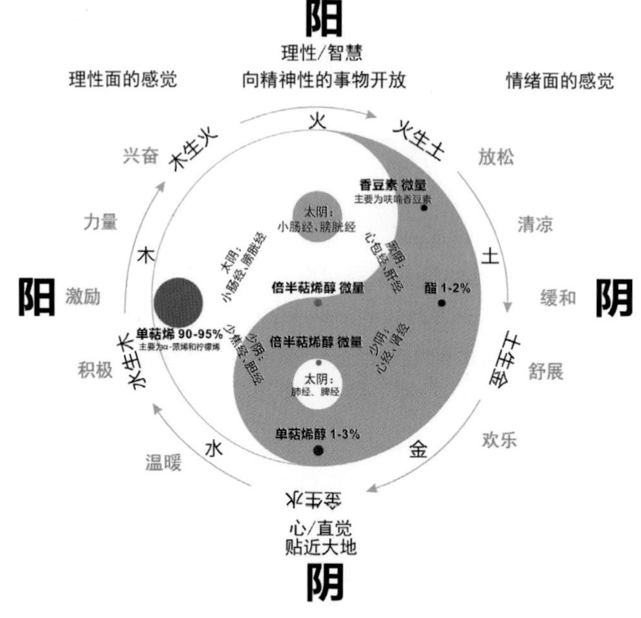

性味與歸經：

味辛、性溫。歸肺、胃、膀胱、大腸、小腸經。

功效：

肺經：歐白芷入肺經，具有抗菌、抗發炎、增強抵抗力和溫和化痰的功效，還可緩解哮喘提亮皮膚等。

胃經：歐白芷入胃經，具有健胃、消除脹氣、抗痙攣等功效，適用於缺乏食欲、腸胃不和、胃痙攣等。

膀胱、大腸、小腸經：歐白芷入小腸、大腸、膀胱經，具有促進雌激素分泌和治療消化不良的功效，可用於通經、治療經前緊張、絕經綜合症、腹脹氣等。

日常應用

抗菌、消炎、抗黴菌、鎮靜、安撫、促進受孕、通經活血、提振精神。

使用方法：擴香。

保存方法：置於深色玻璃瓶室溫中保存，建議玻璃瓶放在木盒中，以降低溫度的波動。未開封的純精油可以保存6年，已開封的最好於2年內用完，若已調和為按摩油，於3個月內用完效果最佳。

注意事項：歐白芷根精油具有光敏性，同時對過敏性體質的人有刺激性，外用容易引起皮炎。

香薰用法

作用：緩解失眠。

配方：歐白芷精油2滴、薰衣草精油1滴、檀香精油1滴。

用法：將上述精油滴入擴香機中，插上電源，開始享受芬芳的薰香。

配伍精油

羅勒、天竺葵、洋甘菊、葡萄柚、薰衣草、檸檬、野橘。

歐芹精油
PARSLEY OIL

英文名稱：Parsley
植物學名：Petroselinum crispum
科　　屬：傘型科 Apiaceae
加工方法：水汽蒸餾
萃取部位：種子
主要成分：肉豆蔻醚、芫荽醚

歐芹並非我們常說的香芹，雖然和香芹一樣，歐芹也散發一種藥香味，也是營養價值很高的一種蔬菜。從外形上看，歐芹的葉子呈披針狀綫形，香芹的葉子則是羽片狀的。在古希臘文中，歐芹是「石頭」的意思，因這種植物喜生在遍布砂石的土壤環境中，原產於地中海地區，如今在世界很多地方都有種植。

古希臘人偏愛歐芹，很早就將它收錄在植物志裏，他們認為歐芹象徵喜悅和榮譽。古羅馬人不但用它做菜下飯，還發現歐芹對泌尿系統的疾病有很好的療效。歐洲人則覺得這種植物會帶來不幸，一直對營養豐富的歐芹避而遠之，16世紀這種說法才被打破，將歐芹端上了餐桌。

如今，歐芹成了全世界各地人們廚房裏常見的調味菜蔬，特別是西餐中，人們習慣在烹飪結束後撒入一把歐芹碎屑，點綴在菜品上，既提亮了色澤，又增添了香氣。

歐芹有利尿排毒的功效，還可以消除淤血，擴張微血管，加速血液循環，對月經不規律有很好的調解作用。

歐芹精油是採取蒸餾的方法提取自歐芹的種子，其實它的根、葉也可以提煉精油，只是種子的含油量最高。精油偏黃色，散發著草藥氣味。它的利尿和促進血液循環功能出於歐芹又勝於歐芹。在男性香水和香皂中常見歐芹精油成分，可能是跟它獨特的草藥香味有關。歐芹精油容易引起子宮收縮，孕婦和痛經的女性請謹慎使用。

國醫解讀

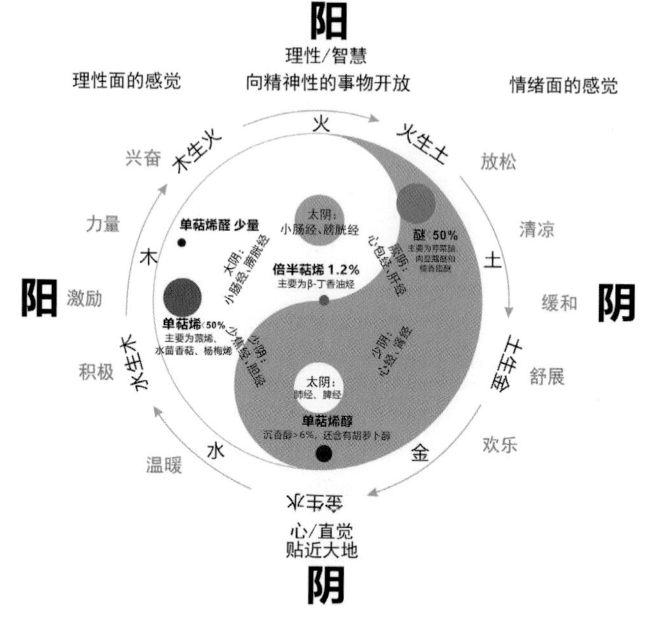

性味與歸經：

味辛、甘、涼。歸心、心包、肝、膀胱經。

功效：

心、心包經：歐芹歸心、心包經，具有淨化和冷靜的功效，能緩解焦慮、憂鬱、恐慌、壓力和失眠等。

肺經：歐芹入肺經，有利於微血管擴張，可收縮微血管、消除淤血、促進血液循環，有助於頭皮和毛髮的生長，可緩解過敏性皮膚炎症，有美白和保濕等功效。

膀胱、腎經：歐芹入膀胱、腎經，具有消炎、利尿、排毒的功效，適用於月經不調、經血過少、膀胱炎，可治療腎臟疾病、刺激分娩等。

日常應用

利尿、調經養血、促進新陳代謝。

使用方法：擴香、外用、稀釋使用。
保存方法：置於深色玻璃瓶室溫中保存，建議玻璃瓶放在木盒中，以降低溫度的波動。未開封的純精油可以保存6年，已開封的最好於2年內用完，若已調和為按摩油，於3個月內用完效果最佳。
注意事項：歐芹精油使用過量容易引起眩暈，懷孕時及痛經時忌用。

香薰用法

作用：養、調經養血。
配方：歐芹精油2滴、玫瑰精油1滴、迷迭香精油1滴。
用法：將上述精油滴入擴香機中，插上電源，享受芬芳的薰香。

按摩用法

作用：調理、美容。
配方：歐芹精油3滴、薰衣草精油3滴、羅馬洋甘菊精油2滴、分餾椰子油20mL
用法：將上述精油與分餾椰子油混合均勻成按摩油，按摩不適部位。

配伍精油

羅勒、丁香、薰衣草、青檸、柑橘、馬鬱蘭、迷迭香。

芫荽籽精油

CORIANDER OIL

英文名稱：Coriander
植物學名：Coriandrum sativum
科　　屬：傘型科 Apiaceae
加工方法：水汽蒸餾
萃取部位：種子
主要成分：桉油醇、傘煙、龍腦

芫荽也就是我國北方人常說的香菜，是一年或兩年生草本植物，有非常強烈的香氣，是飲食中常用的調味蔬菜。芫荽原產於地中海流域，傳說是在西漢時張騫出使西域，從那裏帶回了這種植物，然後在中國廣泛種植。

芫荽被人類藥用歷史可以追溯到一千年多年前，我國的《本草綱目》也記載，芫荽「性味辛溫香竄，內通心脾，外達四肢」。

芫荽氣味清新芳香，對於喜歡它的人來說是愛不釋手，但是對於不喜歡這種味道的人來說，它散發出來的氣味可是接近於臭味。古希臘人就認為它的種子碾碎散發出來的氣味堪比臭蟲，還將這種植物命名為「Koris」，後來經過多年演變，才改成了英文名Coriander。《自然史》的作者古羅馬作家老普林尼則說它「聞起來像跳蚤」，即便如此，也不影響人們在廚房大肆使用芫荽，做受歡迎的湯、點心和香腸。

越來越多的科學研究證實，芫荽籽精油質地特別溫和，有保護腸道、降低膽固醇的功效。它可以舒緩胃痛、關節痛和風濕痛，被譽為「溫暖力量的源泉」。

古埃及人覺得芫荽是一種「帶來幸福的香料」。考古學家在公元前13世紀古埃及拉美西斯二世的墓穴中發現了芫荽籽，埃及人認為它可以振奮精神，也用於催情，法老的墓穴中安置催情之物也是有些讓人匪夷所思。不過，芫荽籽精油可以鎮靜、抗疲勞，有效刺激雌激素的分泌，對生殖系統有調解功能，對不孕症有神奇的療效。古人所說的催情，不知道是否暗合此意。

國醫解讀

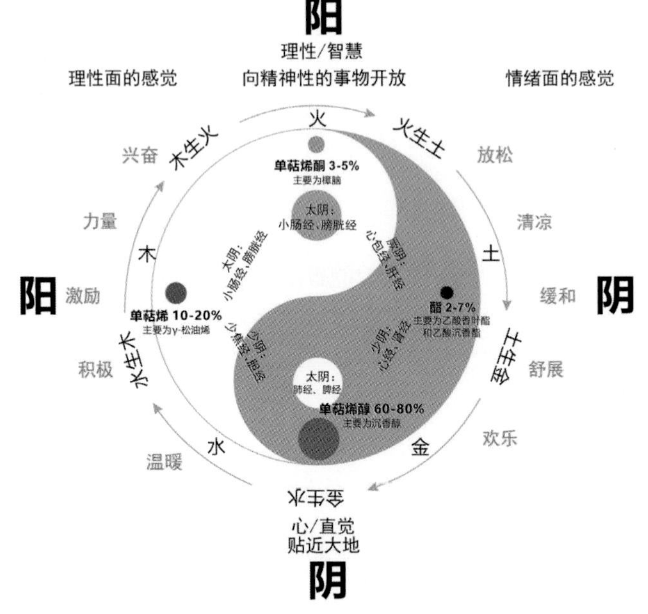

性味與歸經：

味辛、溫。歸心、肺、脾、胃、大腸、膀胱經。

功效：

心經：芫荽籽入心經，具有激勵、平衡、增加活力的功效，有助於恢復精神、鎮靜等，適用於虛弱、疲倦等。

肺經：芫荽籽入肺經，具有抗細菌、抗病毒、抗真菌、抗發炎、緩和疼痛、保護肌膚的功效，適用於細菌引起的心絞痛、細菌引起的支氣管炎、過敏性皮炎、痤瘡等。

脾、胃、大腸經：芫荽籽入脾、胃、大腸經，具有抗痙攣的功效，適用於消化不良、腸胃痙攣、腸絞痛、脹氣、腹瀉、痔瘡等。

膀胱經：芫荽籽入膀胱經，具有刺激雌性激素分泌和利尿的功效，適用於月經不調、不孕症，還可幫助身體排毒等。

日常應用

平緩情緒、抗疲勞、溫暖、鎮靜、安撫、抗痙攣。

使用方法：擴香、外用。
保存方法：置於深色玻璃瓶室溫中保存，建議玻璃瓶放在木盒中，以降低溫度的波動。未開封的純精油可以保存6年，已開封的最好於2年內用完，若已調和為按摩油，於3個月內用完效果最佳。
注意事項：芫荽籽精油效力較強，一般不具有刺激性，但大劑量可能導致昏迷。婦女妊娠期禁用。

香薰用法

作用：活化細胞、增強記憶力。
配方：芫荽籽精油2滴、羅勒精油1滴、迷迭香精油1滴、玫瑰精油1滴。
用法：將上述精油滴入擴香機中，插上電源，享受芬芳的薰香。

按摩用法

作用：增進食欲、促進消化。
配方：芫荽籽精油2滴、薑精油1滴、黑胡椒精油2滴、分餾椰子油10mL。
用法：將上述精油與分餾椰子油混合，按摩胃部即可。

配伍精油

天竺葵、百里香、迷迭香、檸檬香茅、薑、肉桂、黑胡椒、杜松、絲柏、佛手柑、檸檬、苦橙葉、橙花、茉莉。

當歸精油

ANGELICA OIL

英文名稱：Angelica
植物學名：Angelica sinensis
科　　屬：傘型科 Apiaceae
加工方法：水汽蒸餾
萃取部位：根莖
主要成分：內酯、阿魏酸

當歸是中醫治療中經常會用到的一味中草藥，生長在山地，全株深綠色，花朵呈傘狀，根莖是我們常用的藥材。當歸不但可以補血，還可以行血，是補氣血藥品中經常被點名的草藥。

被曬乾的當歸根有點像人參，它的氣味有厚重的甜味，是補血佳品。又因為它氣輕而有辛辣的感覺，可有效推動血液運行，有行血的功效。特別是女性人群，操勞過度或者生產後身體元氣受損，經常表現為面色蒼白、皮膚發黃、月經不調，嚴重時還會頭暈、心悸、失眠，如果這時去看中醫，醫生的藥方裏一般都會出現當歸的名字，它又被稱為「婦科聖藥」。當歸對身體的調理是很全面的，因為血氣不足可能會導致很多其他問題的產生。

在精油被提取之前，人們缺乏先進的工藝，但也絕不能放功效這麼好的當歸，經常用芝麻油或者茶油浸泡當歸，得到當歸油來補血、調經、潤腸。這種油還能美白祛斑，讓黃化的皮膚變得白嫩，煥發新的神采，人們認識到當歸油的功效是由裏到外全方位的，所以當歸精油被萃取出來後，自然授予它「超級補血精油」的稱號。

現代人的生活節奏加快，壓力大，作息和飲食等習慣被破壞，亞健康越來越成為威脅人類生存的嚴重問題。臨床應用證明，當歸精油在應對亞健康問題上有非常出色的成績，在專業指導下搭配其他精油起到的作用將更快更顯著。

國醫解讀

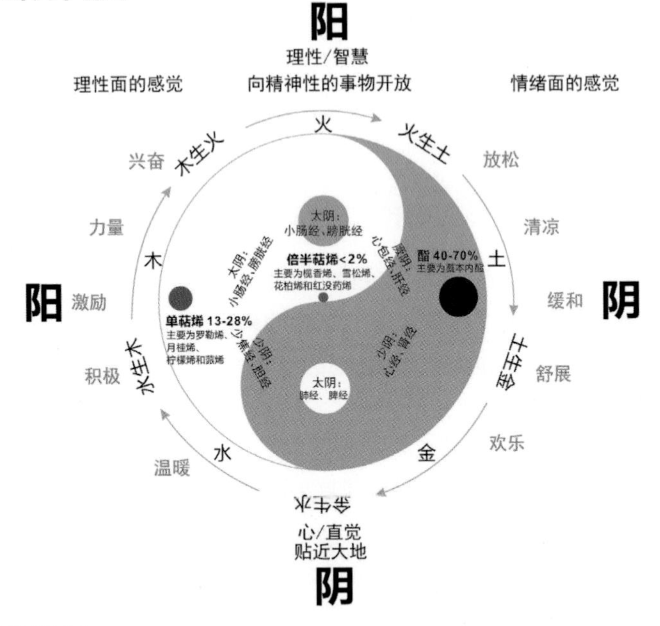

性味與歸經：

甘、辛、溫。歸心、腎、肝、脾、膽經。

功效：

心經：當歸入心經，能少心律失常、改善軟腦膜微循環、抑制血栓的形成，促進血液循環、預防心血管系統疾病等。能抑制中樞神經，具有鎮靜、催眠、鎮痛、麻醉等作用。

腎經：當歸入腎經，可以緩解經前症候群，提升生殖系統功能，適用於月經不調、更年期綜合症、痛經等。

肝、脾、膽經：當歸入肝、脾、膽經，能促進膽汁中固體物質重量及膽酸排出量增加，能保護肝細胞和恢復肝臟功能，起到保肝脾、利膽的作用。

日常應用

活血、補血、溫暖、撫慰、調理、潤腸。

使用方法：擴香、外用。

保存方法：置於深色玻璃瓶室溫中保存，建議玻璃瓶放在木盒中，以降低溫度的波動。未開封的純精油可以保存6年，已開封的最好於2年內用完，若已調和為按摩油，於3個月內用完效果最佳。

注意事項：當歸精油氣味強烈，可能會刺激皮膚，因此使用濃度應在1%以下。婦女妊娠期禁用。

香薰用法

作用：抗抑鬱、增加活力。

配方：當歸精油2滴、甜橙精油2滴、玫瑰精油1滴。

用法：將上述精油滴入擴香機中，插上電源，開始享受芬芳的薰香。

泡浴用法

作用：促進血液循環、緩解疲勞、恢復體力。

配方：當歸精油4滴。

用法：將當歸精油滴入浴缸溫水中，攪動使精油散開，泡浴15—20分鐘。

配伍精油

迷迭香、薰衣草、玫瑰、甜橙、杜松、薑、牛至。

蒔蘿精油

DILL OIL

英文名稱：Dill
植物學名：Anethum graveolens l.
科　　屬：傘型科 Apiaceae
加工方法：水汽蒸餾
萃取部位：果實
主要成分：藏茴香酮、檸檬烯

傳說蒔蘿產於印度，是多年或一年生草本植物，自地中海地區傳到歐洲，長得很像茴香，又叫「洋茴香」。特別是種子有一種既甘甜又清新的氣味，它富含維生素和礦物質，可促消化、緩解腸胃脹氣。常作為佐料撒入海鮮中，特殊的香氣可去腥保鮮，令食材更加鮮美，因此蒔蘿又有「魚之香草」的美譽。而且飯後吃下含有蒔蘿的食物，還可以清新口氣，令人神清氣爽，精神振奮。

在五千多年前的埃及，人們將它和其他幾種草藥合用治療頭痛。蒔蘿的名字Dill來自撒盎格魯，意思是「使安靜」。當時，經常給那些難以安睡的孩子服用蒔蘿，可能是因為有鎮定和消除腸胃脹氣的功效，效果總是非常好。羅馬時代，蒔蘿籽等同貨幣，甚至可以直接交換物品，有錢人在宴請賓客時常灑蒔蘿油，令滿座芬芳以炫耀自己的財富。在中世紀，它已經是一種家喻戶曉的植物，迷信的人們認為它具有神通，可抵抗來自巫術的咒符。對蒔蘿推崇備至的法蘭克君主查理曼大帝曾頒下諭旨，令全國上下廣植此物，這對蒔蘿的推廣可謂是功不可沒，自此它在歐洲大陸得以更廣泛地使用，特別是在烹飪上。

蒔蘿精油主要萃取自它的種子，讓使用者從植物精華中獲取清爽的能量，不被現實的物質所掩埋。蒔蘿精油還可以促進產婦乳汁分泌，當代臨床醫學已驗證這個古老的說法，蒔蘿製成的茶很適合生完孩子的媽媽飲用。

蒔蘿精油非常適合孩子使用，除了以上所說的鎮定、安眠、消除脹氣等功效，還特別適用於膽怯畏縮的孩子，它像慈母的撫慰，可輕易讓他們緊張的神經鬆懈下來，掃除幼小心靈上的陰霾。

國醫解讀

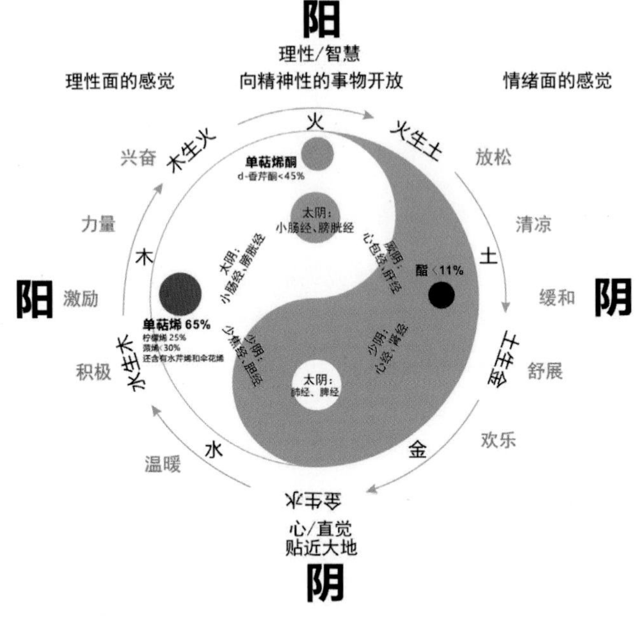

性味與歸經：

辛、澀。歸心、胃、大腸、小腸經。

功效：

心經：蒔蘿入心經，具有穩定中樞神經、安適、激勵的功效，能安撫緊張情緒、舒緩不安。

胃、大腸、小腸經：蒔蘿入胃、大腸、小腸經，具有溫脾開胃、散寒暖肝、理氣止痛的功效，主治腹中冷痛、嘔逆、寒疝、痞滿少食，能強化胰腺功能，降低血糖，還可幫助順產，並可促進乳汁分泌量等。

日常應用

利胃、祛胃腸脹氣、促進泌乳、鎮靜、助產、促發汗、防感冒。

使用方法：擴香、外用，稀釋使用。

保存方法：置於深色玻璃瓶的室溫中保存，建議玻璃瓶放在木盒中，以降低溫度的波動。未開封的純精油可以保存6年，已開封的最好於2年內用完，若已調和為按摩油，於3個月內用完效果最佳。

注意事項：蒔蘿精油有助產作用，婦女妊娠期禁用。

香薰用法

作用：消腸胃脹氣。

配方：蒔蘿精油2滴、檸檬精油1滴、藿香精油1滴。

用法：將上述精油滴入擴香機中，插上電源，開始享受芬芳的薰香。

漱口用法

作用：消除口臭、令口氣清新宜人。

配方：蒔蘿精油2滴、芫荽籽精油1滴、清水1杯。

用法：將上述精油滴入清水中，用來漱口即可。

配伍精油

芫荽籽、薄荷、薰衣草、迷迭香、天竺葵、甜橙、苦橙葉、橙花、香桃木。

德國洋甘菊精油

GERMAN CHAMOMILE OIL

英文名稱：German chamomile
植物學名：Matricaria chamomilia
科　　屬：菊科 Asteraceae
加工方法：水汽蒸餾
萃取部位：花朵
主要成分：天藍烴、沒藥醇

在洋甘菊精油中，最常被提到的就是德國洋甘菊和羅馬洋甘菊。這兩種洋甘菊都有安撫、鎮靜和抗發炎的功效，但是根據具體用途，也顯出很大的區別。

洋甘菊在萃取過程中，會產生一種植物體內原本不包含的物質，叫天藍烴，使精油呈現不同程度的藍色，德國洋甘菊的藍色比羅馬洋甘菊要深邃得多。兩者均用途廣泛，但是德國洋甘菊側重在身體護理，常被看作藥品，而羅馬洋甘菊側重用在情緒照顧和個人保養上，用於安撫受到驚嚇後的情緒，比德國洋甘菊更加溫和，可以作為兒童用油。它對失眠、焦慮、身心緊張同樣有良好療效。德國洋甘菊抗發炎、抗過敏效果顯著，因為效果比較強，使用的劑量也要相當留意。另外，它還能激發肝膽功能，對人體的消化問題及時起到作用。很多婦科問題，比如月經不調和更年期綜合症也可以求助於德國洋甘菊。

從古代開始，洋甘菊就是「最溫柔的美膚力量」，無論是德國洋甘菊還是羅馬洋甘菊，抗皮膚過敏、殺菌、消毒等功效都十分顯著，猶如上天的恩賜。但是不同於羅馬洋甘菊，德國洋甘菊刺激性比較強，很少用在護膚品中，而是用在藥品中。而羅馬洋甘菊就像是一個好脾氣的照顧者，甚至孩子稚嫩的肌膚，也可以用它來呵護。

國醫解讀

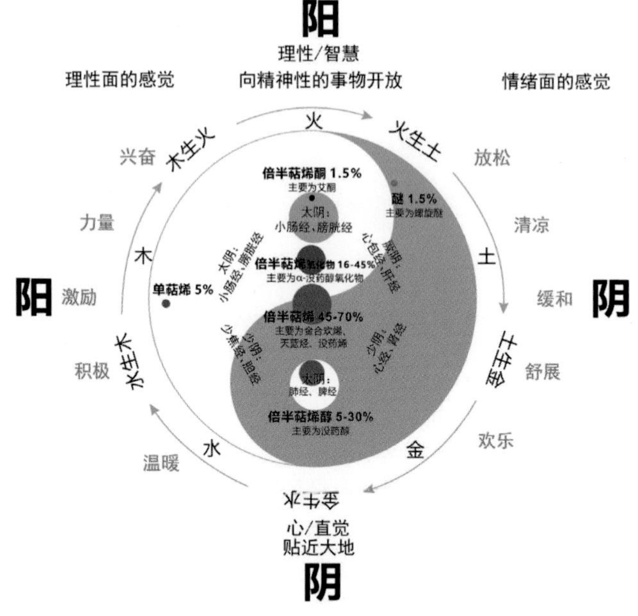

性味與歸經：

味辛、微苦、性涼。歸心、膽、肺經。

功效：

心經：德國洋甘菊入心經，具有安撫、放鬆、平衡的功效，可用於改善睡眠、增強記憶力等。

膽經：德國洋甘菊入膽經，能幫助肝臟分泌膽汁，少膽汁中膽固醇的含量，具有保肝利膽的功效。

肺經：德國洋甘菊入肺經，能強效抗發炎、抑制細菌毒素、抗真菌、抗病毒，適用於支氣管炎及氣喘，可舒緩頭痛、偏頭痛或感冒引起的肌肉痛。

日常應用

調理、緩解疼痛、鎮靜、理氣、緩解更年期綜合症。

使用方法：外用，稀釋使用。
保存方法：置於深色玻璃瓶室溫中保存，建議玻璃瓶放在木盒中，以降低溫度的波動。未開封的純精油可以保存6年，已開封的最好於2年內用完，若已調和為按摩油，於3個月內用完效果最佳。
注意事項：德國洋甘菊精油可能會引起某些人的過敏反應，使用前最好進行皮膚測試。具有調節月經的作用，孕婦前3個月禁用。

按摩用法

作用：治療輕微燒傷或燙傷。
配方：德國洋甘菊精油2滴、薰衣草精油2滴、甜杏仁油20mL。
用法：將上述精油混合均勻，每天三次適量塗在受傷部位並輕輕按摩。

配伍精油

薰衣草、佛手柑、玫瑰、茉莉、天竺葵、橙花、檸檬、廣藿香、馬鬱蘭、依蘭依蘭。

藍艾菊精油

TANSY OIL

英文名稱：Tansy
植物學名：Tanacetum annuum
科　　屬：菊科 Asteraceae
加工方法：蒸餾法
萃取部位：花朵
主要成分：母菊天藍烴、水芹烯、樟腦

摩洛哥藍艾菊的花朵經過蒸餾提取出藍艾菊精油，這種精油散發著濃稠的甘甜味和讓人愉快的草木醇香。藍艾菊是摩洛哥當地特有的植物，7到8月份是此花盛開的季節，在當地農場，成片的藍艾菊連成花海，彌漫著甘甜的香氣。為了最大程度上保留花朵的美好成分，人們會在藍艾菊盛放的時刻收割它並進行萃取。藍艾菊的出油率非常低，大約1噸左右的花朵原料才可以蒸餾出1升精油，這就注定了藍艾菊精油彌足珍貴的身份。

藍艾菊花是黃色的，為什麼精油卻變成了藍色？這是因為在植物蒸餾的過程中，產生了一種叫作天藍烴的物質，才使精油呈現出鮮亮的藍色。藍艾菊精油最強大的功效就是抗菌消炎和鎮痛。

正是因為它消炎效果出色，才會在芳香療法中有著至關重要的地位。藍艾菊精油能輕鬆地讓疼痛中收緊的神經緩和下來，趨於平靜，接受這來自摩洛哥原野的慰藉。在肌肉酸痛、關節痛、風濕痛、坐骨神經痛等各種疼痛中，藍艾菊不僅帶給人消炎止痛的照顧，還有一層心靈上的關注和體貼，即使是自我防禦強大的人，也會卸下壁壘接受它的好意。

藍艾菊精油的抗過敏功效突出地表現在對呼吸系統和皮膚系統疾病的治療上。因為具有擴張支氣管的作用，它應對哮喘、肺氣腫等問題時作用獨特。另外在緩解燒傷和曬傷方面，藍艾菊精油也總能助人一臂之力，也有案例用來它緩解癌症放化療給身體帶來的副作用。這種藍色的精油天賦極高，但是由於珍貴和稀有，市面上不斷出現價格低廉、質量低下的假冒貨，在選用的時候應當謹慎，最好請教專業人士。

國醫解讀

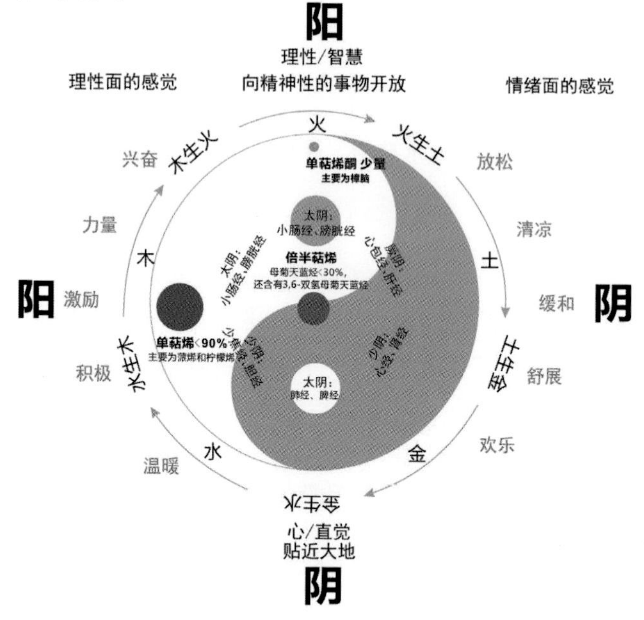

性味與歸經：

苦、辛。歸心、肺、腎、膀胱經。

功效：

心經：藍艾菊入心經，具有調節荷爾蒙、鎮靜神經的功效，能使人智慧、樂觀、舒緩、提高自信、振奮精神。

肺經：藍艾菊入肺經，具有消炎、止癢、止痛的功效，能預防氣喘發作、肺氣腫，也適用於刺激性皮炎、過敏性皮炎、紅斑、關節炎等。

腎、膀胱經：藍艾菊入腎、膀胱經，具有利尿的特性，適用於膀胱炎、尿道炎、腎結石、水腫，促進淋巴系統引流和排毒等。

日常應用

氣喘發作，肺氣腫；神經炎，坐骨神經痛，肌肉風濕；刺激性皮膚炎，過敏性皮膚炎，紅斑；關節炎，糖尿病，高血壓，靜脈曲張；振奮精神。

使用方法：外用。
保存方法：置於深色玻璃瓶室溫中保存，建議玻璃瓶放在木盒中，以降低溫度的波動。未開封的純精油可以保存6年，已開封的最好於2年內用完，若已調和為按摩油，於3個月內用完效果最佳。
注意事項：對於菊科過敏的人群需要特別注意，藍艾菊精油使用之前，建議先做過敏測試。孕婦、哺乳期女性慎用。

按摩用法

作用：理氣和中、改善腸胃不適。
配方：藍艾菊精油3滴、生薑精油2滴、小豆蔻精油2滴、廣藿香精油1滴、薄荷精油1滴，分餾椰子油20mL。
用法：將上述精油與分餾椰子油混合均勻成按摩油，順時針方向按摩腹部。

配伍精油

薰衣草、迷迭香、薄荷、佛手柑、玫瑰、茉莉、天竺葵、橙花、檸檬、廣藿香、依蘭依蘭、薑、豆蔻。

羅馬洋甘菊精油

CHAMOMILE ROMAN OIL

英文名稱：Chamomile roman
植物學名：Anthemis nobilis
科　　屬：菊科 Asteraceae
加工方法：蒸餾法
萃取部位：花蕾和初開的花朵
主要成分：蒎烯、檜烯、莰烯

很早以前人們就發現，洋甘菊可以治療在它周圍生長的灌木，被尊稱為「植物的醫師」。在希臘文中，洋甘菊的名字是「地上的蘋果」之意，可能是因為它帶有蘋果味的芬芳。在拉丁文中則意味著「高貴的花朵」。洋甘菊多年來被美容和香水製造業所鍾愛，也被添加到洗髮水中，發揮滋潤秀髮的功效。當把它加入餐後酒中，很多消化問題也被緩解了。

洋甘菊是人類使用最早且療效記錄最完備的藥用植物之一，其精油萃取自植物花朵，因功效和產地不同，主要分為羅馬洋甘菊和德國洋甘菊兩種。這兩種洋甘菊精油滋潤皮膚和舒緩鎮定的效果都非常好，但各有不同的針對性。德國洋甘菊的功效側重針對皮膚的修復能力，可促進皮膚組織再生，安撫受傷細胞，使之柔潤光澤。羅馬洋甘菊含有其他精油中少見的歐白芷酸異丁酯，具有絕佳的抗痙攣效果，作用在神經系統上放鬆效果顯著。特別是對於那些驚慌失措的人來說，使用羅馬洋甘菊，就如同一下子得到媽媽懷抱的保護，被溫和地包容與接納著，鎮靜與慌亂被慢慢驅散了，尤其適合孩子使用。它在緩解焦慮、緊張情緒上，特別是對緩解女性經期不適和更年期綜合症上有很大幫助。

羅馬洋甘菊雖名字前慣以「羅馬」二字，但它並非源自羅馬，說起來，它的歷史要比羅馬還要悠久。大概在兩千多年前，象形文字中就開始記載洋甘菊在處理發燒和婦科病方面的療效。因為這種植物出現在羅馬角鬥場周圍，人們才開始叫它「羅馬洋甘菊」。羅馬人用它來抵抗疾病、保養身體，製成草藥和飲料，並開始焚燒薰香。它的功效很快在歐洲大陸流傳，被英國人帶到北美，並在那裏大量繁殖。當壓力過大等非常時期來臨，調配一份富含羅馬洋甘菊的精油，充分享受它的撫慰，大概就是人生一大享受了。

國醫解讀

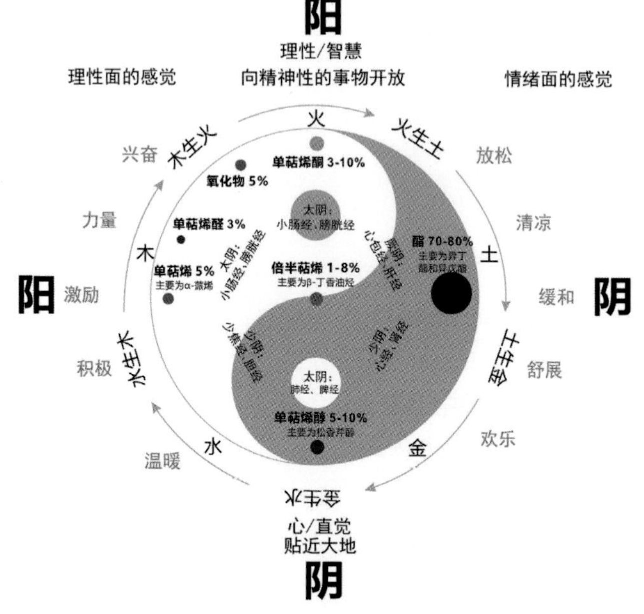

性味與歸經：

性涼、辛、微苦。歸心、肺、脾經。

功效：

心經：羅馬洋甘菊入心經，具有安撫、紓壓、提神、抗憂鬱的功效，能緩解壓力、職業倦怠、失眠、緊張和不安、焦慮等。

肺經：羅馬洋甘菊入肺經，具有抗真菌、抗發炎、抗痙攣與止痛的功效，適用於濕疹、蕁麻疹、皮膚乾燥、脫皮、紅斑、紅疹、粉刺等。

脾經：羅馬洋甘菊入脾經，具有收斂、促進代謝的功效，適用於消化系統發炎、腸燥症、慢性腹瀉、腸胃炎等。

日常應用

護膚；經前症候群；更年期症狀；兒童腹痛；心理創傷；壓力；職業倦怠；失眠；緊張和不安；焦慮。

使用方法：擴香、外用。
保存方法：置於深色玻璃瓶室溫中保存，建議玻璃瓶放在木盒中，以降低溫度的波動。未開封的純精油可以保存6年，已開封的最好於2年內用完，若已調和為按摩油，於3個月內用完效果最佳。
注意事項：羅馬洋甘菊精油有通經效果，孕婦應以1%左右低劑量使用或忌用；對於少數過敏體質的人有可能引起哮喘問題。

香薰用法

作用：舒緩、撫慰。
配方：羅馬洋甘菊精油3滴、快樂鼠尾草2滴、薰衣草精油2滴。
用法：將上述精油滴入擴香機中，插上電源，享受芬芳的薰香。

按摩用法

作用：緩解疼痛。
配方：羅馬洋甘菊5滴，丁香精油3滴，甜杏仁油15mL。
用法：將上述精油與甜杏仁油混合，按摩疼痛部位即可。

配伍精油

柑橘類精油，玫瑰、薰衣草、天竺葵、馬鬱蘭、迷迭香、快樂鼠尾草、依蘭依蘭、丁香。

萬壽菊精油

TAGETES OIL

英文名稱：Marigold
植物學名：Tagetes erecta l.
科　　屬：菊科 Asteraceae
加工方法：水汽蒸餾
萃取部位：花朵、枝葉
主要成分：萬壽菊酮、檸檬烯

萬壽菊的故鄉一說是北非，一說是北美洲的墨西哥，但是這種亮橘色的花朵主要生長地在法國，所以也被稱作「法國金盞菊」。路邊或者公園的花壇裏經常會看到它成片成片隨風搖曳，煞是亮眼。盛開過後的萬壽菊被採摘用來提取色素，用在保健等行業，還會用來蒸餾精油。

萬壽菊的氣味並不好聞，在16世紀它還被叫作瓣臭菊。據說一位西班牙軍官在墨西哥的郊野發現了它，將種子帶到歐洲。人們見花朵鮮可人，將它供奉在聖母像前，取名「金色的瑪利亞」。後來傳到我國仍然以瓣臭菊呼之。有人過壽辰，僕從為了增添氣氛，在門口擺了幾盆瓣臭菊，主人卻將「瓣臭菊」三個字聽成了「萬壽菊」，且深覺應景，於是這萬壽菊的名稱不脛而走。清代《花鏡》一書的作者陳扶搖將這種菊花正式定名為「萬壽菊」，它也成了給長輩賀壽或增添喜慶氣氛的主要花卉。

在產地非洲，萬壽菊常被當地人垂挂在茅屋下驅趕蒼蠅蚊蟲。在田間，它總是和馬鈴薯、番茄等莊稼間種，以防止病蟲害侵蝕其他植物。這充分說明萬壽菊具有很強的驅蟲和殺菌功效。卻是如此，它經常被採摘製成油膏，塗抹傷口消炎和殺蟲。

萬壽菊精油除了洋溢著草藥味，也夾雜著柑橘類的果香，它繼承了植物消毒、殺蟲、殺菌的功效，且能促進細胞再生，讓皮膚變得柔軟，讓傷口快速愈合，香薰時能舒緩緊張，澄清思緒，放鬆心情。只是需適當搭配劑量，大量使用可能會過度強化它的消殺功能，導致毒副作用。

國醫解讀

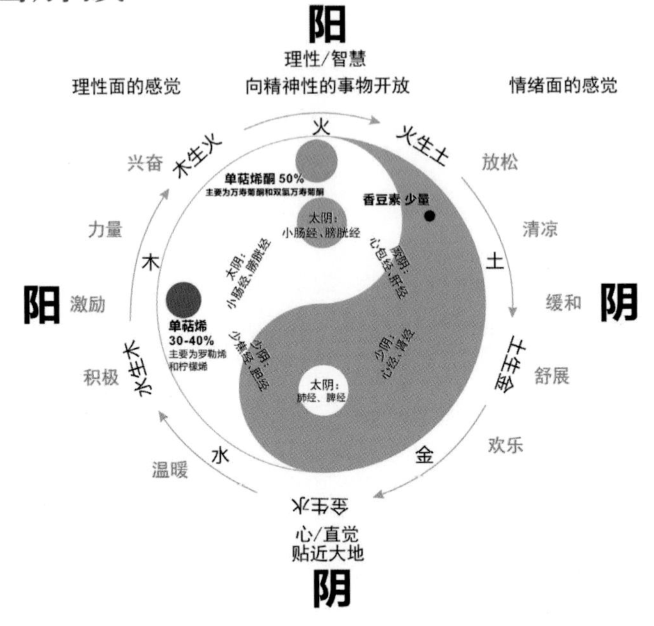

性味與歸經：

苦、微辛性涼。歸肺、膀胱、大腸、小腸經。

功效：

肺經：萬壽菊精油入肺經，具有消炎、抗病毒、抗真菌的功效，能處理細菌或病毒的感染以及化膿的情況，對傷口、割傷具有愈合力。

膀胱經：萬壽菊精油入膀胱經，具有促進組織排毒、利尿的作用，可用於對抗尿道感染、膀胱炎、尿道炎、腎結石、水腫等。

大腸、小腸經：萬壽菊精油入大腸、小腸經，具有治療胃炎和消化不良等腸胃問題的功效，適用於脹氣、腹痛脹泄等。

日常應用

抗菌、消炎、祛毒、殺蟲、安撫、鎮靜。

使用方法：擴香，稀釋使用。

保存方法：置於深色玻璃瓶室溫中保存，建議玻璃瓶放在木盒中，以降低溫度的波動。未開封的純精油可以保存6年，已開封的最好於2年內用完，若已調和為按摩油，於3個月內用完效果最佳。

注意事項：萬壽菊精油有刺激性，使用時應謹慎，最好在使用前做皮膚測試。

香薰用法

作用：促進睡眠。

配方：萬壽菊精油2滴、薰衣草精油2滴、阿米香樹精油1滴。

用法：將上述精油滴入擴香機中，插上電源，享受芬芳的薰香。

配伍精油

芫荽籽、天竺葵、薰衣草、檸檬、甜橙、茶樹、乳香、依蘭依蘭。

西洋蓍草精油
YARROW OIL

英文名稱：Yarrow
植物學名：Achillea millefolium
科　　屬：菊科Asteraceae
加工方法：水汽蒸餾
萃取部位：花、嫩芽
主要成分：龍腦、天藍烴

西洋蓍草原產於歐洲，在歐洲的藥用歷史長達千年，它在中國也叫蚰蜒草。這種草在歐洲，就像艾草在中國，用於治療和驅邪的歷史悠久，西洋蓍草也有「歐洲艾草」之稱。在特洛伊之戰中，名將阿喀琉斯明知道自己會像預言中所說的那樣戰死沙場，但他不顧母親勸阻，依然揚馬出征，最後被暗箭射中腳踝。傳說他受傷之後依然堅持作戰，是用西洋蓍草敷在傷口上止血的，後來這種草也被稱為「騎士蓍草」，每一個馳騁戰場的騎士都知道這種草，也說明它殺菌消炎止血的功效在很久以前就被人們熟知了。

西洋蓍草精油萃取自它的花和嫩芽，本來花是白色或粉紅色，但是精油卻是很深的藍色。這是因為在萃取的過程中，產生了叫作母菊天藍烴的物質，讓精油呈現藍色，而原本的植物體內是不包含這種物質的。這種精油聞上去有一股清澈的草藥味，和沉靜的藍色呼應，西洋蓍草精油鎮定的效果非常顯著，有助於使用它的人將內心和外界進行完美的連接，達到穩定平衡的狀態。在古代，西洋蓍草「連接內外」的功效常被用來占卜，人們認為它具有溝通天地、與神明交流的神奇力量。西方人飲用蓍草茶增加未卜先知的勝算，中國人則是尋找外觀特殊的蓍草進行占卜，簇生五十條莖的蓍草被稱為「靈蓍」，長六十莖且高六尺的蓍草可直接用來卜卦。以上傳說都增添了蓍草的神秘性，也可以看出人們自古對這種藥草的偏愛。的確，西洋蓍草也從未讓人們失望過。

國醫解讀

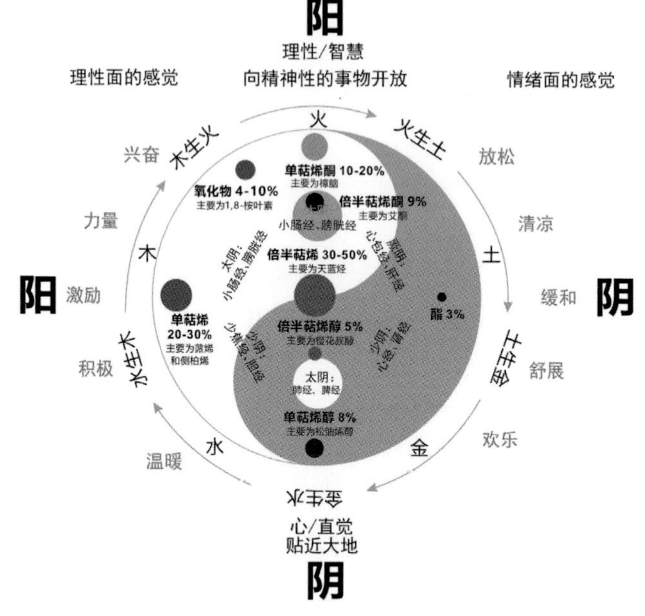

性味與歸經：

微苦、性涼。歸心、膀胱、大腸、小腸、腎經。

功效：

心經：西洋蓍草入心經，具有激勵、強化的功效，能舒緩極度緊張的情緒，亦能心力衰退之時進行鼓舞。

膀胱、大腸、小腸經：西洋蓍草入、大腸、小腸經，具有刺激胃與腸的腺體以及膽汁分泌、促消化的功效，有助於腸胃絞痛、脹氣，促進腸胃吸收、消化液的分泌。亦能平衡尿液流動，適用於尿液滯留、尿失禁等。

腎經：西洋蓍草入腎經，具有促進女性荷爾蒙分泌的功效，有利於改善月經痛、更年期綜合症等。

日常應用

抗菌、消炎、化痰、鎮靜、安撫、抗痙攣。

使用方法：擴香，稀釋使用。
保存方法：置於深色玻璃瓶室溫中保存，建議玻璃瓶放在木盒中，以降低溫度的波動。未開封的純精油可以保存6年，已開封的最好於2年內用完，若已調和為按摩油，於3個月內用完效果最佳。
注意事項：長期使用西洋蓍草精油會引起頭疼，並會造成皮膚過敏。

香薰用法

作用：驅寒辟邪、防感冒。
配方：尤加利精油2滴、西洋蓍草精油2滴、樟樹精油1滴。
用法：將上述精油滴入擴香機中，插上電源，開始享受芬芳的薰香。

配伍精油

歐白芷、洋甘菊、杜松、檸檬、迷迭香、檸檬馬鞭草、香蜂草。

永久花精油

EVELASTING OIL

英文名稱：Evelasting
植物學名：Helichrysum angustifolium
科　　屬：菊科Asteraceae
加工方法：蒸餾法
萃取部位：花序
主要成分：香葉醇、芫荽醇、橙花醇

永久花是源自地中海地區的一種菊科類植物，藥用的歷史達數千年，它是天然的抗生素、抗菌劑和抗氧化劑，人類對它的研究和應用一直沒有中斷過。在古代傳說中，永久花被採來曬乾，獻祭給諸神做禮物。地中海各國的醫學領域，重視永久花的功效已經成為一種傳統，並逐漸將這種影響傳播到世界各地。

永久花呈黃色，花朵球狀，葉子細長，遠看就如同一簇簇黃金似的太陽。它生命力頑強，只要太陽能照射到的地方，不管是貧瘠的山地還是遍布石子的鐵軌旁都可以生長。它有時也被稱為蠟菊或者不雕花，在希臘文中是「黃金般的太陽」。

在歐洲，永久花曬乾後碾成粉末，被人們當作驅蟲劑和淨化空氣的芳香劑使用，羅馬人驅除蚊蟲也使用過永久花，而它被做成裝飾品裝點住所和公共場所也是很流行的。永久花對肌膚的修復作用也很早被人們熟知，將它製成護膚品來淡化皺紋、保養膚質是女人們樂此不疲的事。

永久花在採摘24小時內進行蒸餾，萃取到的精油品質上乘，氣味中縈繞著一股芳香的甜美，被視為頂級的蜂蜜。永久花精油具有回春功效，修復壞死皮膚，促進細胞再生，在這方面毫不遜色於薰衣草精油。研究人員發現，永久花之所以在消除炎症上作用顯著，是因為它含有一種類似皮質類固醇的物質。如果被粉刺、濕疹、膿腫、傷痕等問題困擾，嘗試選擇永久花精油，並在專業人士幫助下使用，效果一定不會讓人失望。有燒傷燙傷經歷的人，也會從永久花精油那裏得到撫慰，另外，經大量案例驗證，在肥瘦身領域它也起到了積極的作用。

國醫解讀

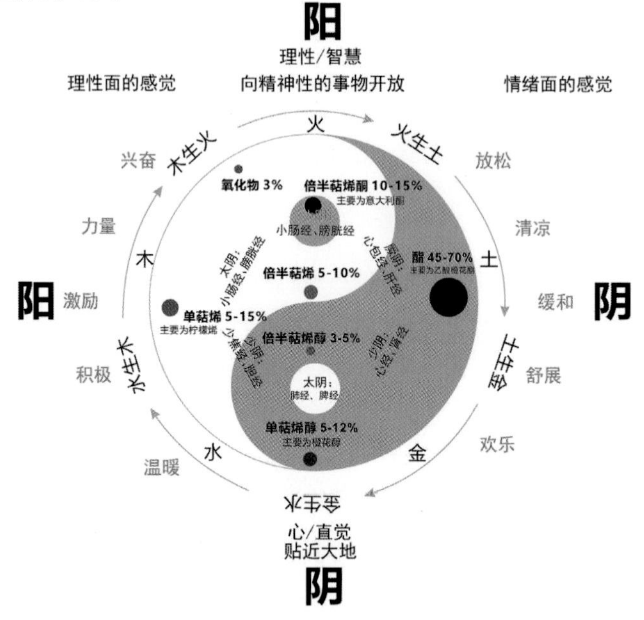

性味與歸經：

味微寒、甘苦。歸心、心包、肺、肝、膽、胃經。

功效：

心、心包經：永久花入心、心包經，具有提升心血管系統之循環、平衡、安撫、放鬆的功效，能給予人自信、溫暖、激勵的作用，亦能促進淋巴排毒和降低血脂等。

肺經：永久花入肺經，具有抗菌、消炎、排除淋巴瘀塞、抗發炎、化痰、抗痙攣的功效，能清肺化痰、預防感冒、緩解支氣管炎，亦能用於皮膚炎症、抗衰、抗皺等。

肝、膽、胃經：永久花入肝、膽胃經，能刺激胃液的分泌、治療腸道疾病等，適用於膽汁分泌異常，可輕腹脹、緩解胃痛、助消化、降肝火等。

日常應用

鼻炎；百日咳；靜脈炎；淋巴淤塞；淤青；傷口；燒灼傷；新舊傷疤；痤瘡；橘皮組織；肌肉疼痛；精神傷害。

使用方法：外用。
保存方法：置於深色玻璃瓶室溫中保存，建議玻璃瓶放在木盒中，以降低溫度的波動。未開封的純精油可以保存6年，已開封的最好於2年內用完，若已調和為按摩油，於3個月內用完效果最佳。
注意事項：永久花精油使用之前，建議先做過敏測試。孕婦、哺乳期女性忌用。

按摩用法

作用：治療扭傷、拉傷、肌肉酸痛，關節炎等症狀。
配方：永久花精油2滴、肉桂精油2滴、薰衣草精油2滴、冬青精油1滴，薄荷精油1滴，分餾椰子油20mL。
用法：將上述精油與分餾椰子油混合均勻，塗抹於不適部位。

配伍精油

佛手柑、洋甘菊、天竺葵、薰衣草、玫瑰、茉莉、橙花、西洋蓍草。

大馬士革玫瑰精油
ROSA DAMASCUS ESSENTIAL OIL

英文名稱：Rosa damascena
植物學名：Rosa damascena
科　　屬：薔薇科 Rosaceae
加工方法：水汽蒸餾
萃取部位：花朵
主要成分：玫瑰醚、香茅醇、香葉醇

薔薇科薔薇屬植物大多具有宜人的香氣，其中玫瑰、月季、薔薇在歐洲統稱為Rose，為著名的「薔薇屬三姐妹」。

玫瑰原產於中國，後經中亞逐漸傳入歐洲，得到了歐洲王室的喜愛，經過幾百年不斷培育，現已經發展出3萬多個品種，其中具有香料用途的玫瑰有上百種之眾。而廣為人知的大馬士革玫瑰，學名突厥薔薇，原產於波斯，後經敘利亞傳到歐洲，在保加利亞、土耳其等地被發揚光大，因為敘利亞的大馬士革是其傳播的重要節點，歐洲人將這種植物命名為「大馬士革玫瑰」。

玫瑰在美容護膚上的應用歷史十分久遠，從埃及後到楊貴妃，再到清朝的慈禧太后，其一直都是皇室的養美容寵兒。玫瑰精油更是被贊譽為「精油之後」，能全方位美膚，適合所有皮膚，為絕佳的子宮補品，這一切，讓它成為世界上最昂貴的精油。在玫瑰精油中，大馬士革玫瑰以其濃郁、清甜的香氣得到了國際主流香料界的喜愛，成了國際流行香型，頻頻在各大主流香水中出現，也是芳療界常常被追捧的「女神」。

中國大陸地區，經過歷史上幾次對大馬士革玫瑰的大規模引種栽培，目前已經形成了數萬畝的種植規模，所產大馬士革玫瑰精油，保持了保加利亞等傳統主產地區大馬士革玫瑰精油的特性，成了國際香料界大馬士革玫瑰精油的重要產地。

國醫解讀

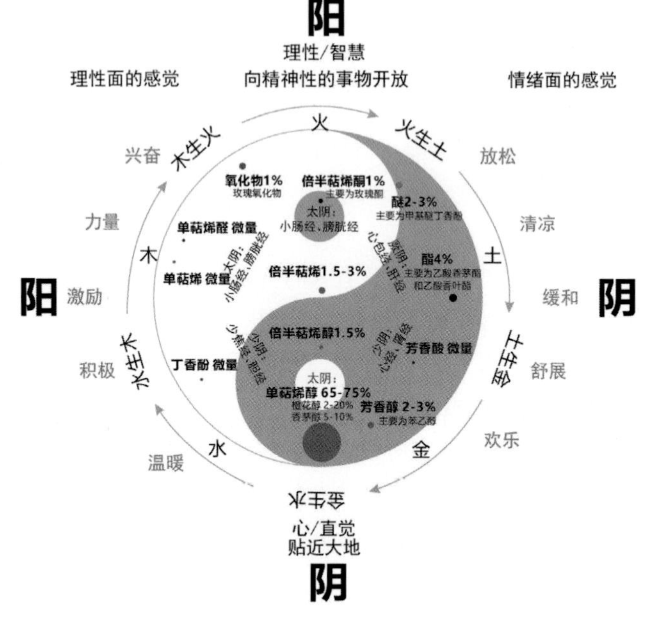

性味與歸經：

微苦、味甘、性微溫。歸心、肝、脾、肺、腎經。

功效：

心經：玫瑰入心經，能活化停滯的血液循環，降低心臟充血現象，強化微血管。

肝、脾經：玫瑰入肝、脾經，有舒肝解鬱的功能，行氣止痛、健脾和胃，能緩解肝氣鬱滯導致的胃病及消化不良等症候群的不適。

肺經：玫瑰入肺經，能收縮微血管，達到收斂毛孔的效果，對老化皮膚有回春作用，也能舒緩呼吸系統症候群的不適。

腎經：玫瑰入腎經，可調節內分泌系統，滋養生殖器官，緩解內分泌紊亂的不適，具有較強的催情作用。

日常應用

循環系統問題；緊張性心臟不適；頭痛；神經炎；乳房切除後的淋巴淤塞；口腔保健；肌膚保養；皮膚炎；唇皰疹；水痘；帶狀皰疹；真菌感染；經前症候群；更年期症狀；陰道炎；妊娠紋；待產與生產；乳腺發炎；嬰兒按摩；壓力；緊張性肌肉緊繃；睡眠困擾，包括兒童；憂鬱傾向；恐懼；上癮症；安寧照護。

使用方法：擴香、外用。

保存方法：置於深色玻璃瓶室溫中保存，建議玻璃瓶放在木盒中，以降低溫度的波動。未開封的純精油可以保存6年以上，且香氣隨著時間的流逝更加圓潤柔和。

注意事項：玫瑰精油一般比較安全、不具有刺激性，使用前最好做皮膚測試。妊娠期禁用。

香薰用法

作用：大馬士革玫瑰的香味可以紓解壓力，降低高血壓，少頭痛及相關神經緊張引起的疼痛；同時，還能促進血液循環，強化血管壁彈性，降低心臟病的發生率，改善荷爾蒙失調，提高機體免疫力。

配方：大馬士革玫瑰精油5滴。

用法：將上述精油滴入擴香機中，插上電源，開始享受芬芳的薰香。

按摩用法

作用：可以滋潤肌膚，還能催情，增加情趣，延緩衰老；可緩解女性痛經，調順子宮功能，加速毒素、廢物的代謝。

配方：大馬士革玫瑰精油5滴、佛手柑精油5滴、依蘭依蘭精油5滴、分餾椰子油25mL。

用法：將上述精油與分餾椰子油混合調勻為按摩油後，按摩不適的部位。

日常應用

沐浴用法

作用：將數滴大馬士革玫瑰精油滴入浴缸或者是手浴時使用，不僅可以緩解疲憊，解除壓力，還可以呵護嬌嫩肌膚，延長壽命，提升氣質。

配方：大馬士革玫瑰精油3滴。

用法：將3滴玫瑰精油溶入50mL牛奶中，倒入浴缸，攪散，再進行沐浴，時間以15至20分鐘為宜。

嗅聞用法

作用：如果壓力大，精神比較疲憊，可以利用大馬士革玫瑰精油和薰衣草精油緩解疲勞，讓心情得到放鬆。

配方：大馬士革玫瑰精油1滴(單獨使用或混合使用)、薰衣草精油1滴。

用法：將上述精油滴入面紙或毛巾上進行嗅聞或直接打開上述精油調和瓶進行嗅聞。

配伍精油

玫瑰精油性質溫和，可以和許多精油配伍，如柑橘類精油和花香類精油、木類精油以及薰衣草、迷迭香、茉莉、洋甘菊、快樂鼠尾草、杜松、廣藿香、岩蘭草等精油。

茶樹精油

TEA TREE OIL

英文名稱：Tea tree
植物學名：Melaleuca alternifolia
科　　屬：桃金娘科 Myrtaceae
加工方法：蒸餾法
萃取部位：葉、枝
主要成分：萜品烯-4-醇、γ-萜品烯、α-萜品烯

茶樹精油的「茶」不是通常做茶葉的「茶」，而是指一種矮小樹種，名叫互葉白千層，它生長在澳洲，在當地的低濕地帶環境中生長茂盛。這種植物生命力強勁，即使被砍掉後仍然可以繼續生長。茶樹精油是從互葉白千層的葉片和嫩梢中提取的，其氣味清澈，有微辣的刺激感，具有非常好的消毒功效。由於這種植物只生長在澳洲，物以稀為貴，也注定茶樹精油在精油家族中的貴族身份。

很久以前，澳洲土著就把茶樹的葉子當成治療傷口感染的良藥，他們在實踐中發現，被毒蛇咬傷後也可以拿它做解藥。世界大戰中，茶樹精油曾經被用來當消炎劑使用，幫助很多傷員緩解痛苦。澳洲的英國移民也學習當地人的做法，用茶樹的葉子入藥，當做消炎劑，甚至發現它可替代醫療用藥。引進到歐洲後，茶樹精油以其很強的抗拒性，迅速受到當地人的追捧。美國、法國，澳洲爭先研究茶樹精油在抗感染和黴菌方面的效用，不斷拓展茶樹精油的使用範圍。因為在刺激免疫系統方面的效果極強，茶樹精油也日益成為芳香療法中的翹楚。二戰時，前往熱帶地區作戰的軍隊經常面臨灼傷、皮膚病的侵擾，隨身必備的用品當中就有茶樹精油，可見人們對這種精油的認可程度。後來，在外科和牙科手術中，它也常被用來消炎和殺菌。在清潔劑、肥皂、空氣芳香劑的製造中應用得也越來越普遍。

國醫解讀

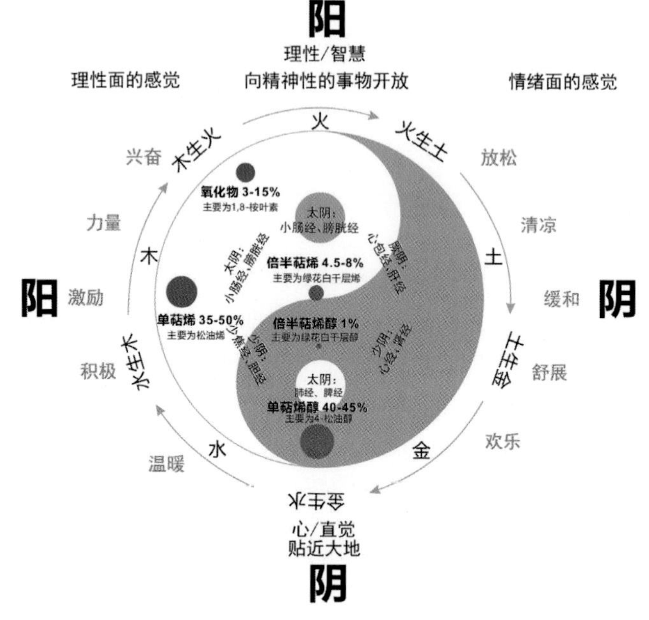

性味與歸經：

味甘、苦，性微寒。歸心、肺、脾、胃、大腸、小腸經。

功效：

心經：茶樹入心經，具有安神、活力的功效，適用於緊張、不安；身心失衡等。

肺經：茶樹入肺經，抗細菌與抗真菌效果奇佳，抗病菌、抗發炎、止癢、抗過敏功效，可以增強身體之抵抗力，也適用於流感、咳嗽支氣管炎、咽喉痛等呼吸道感染疾病。

脾、胃、大腸、小腸經：茶樹八脾、胃、大腸、小腸經，具有促進消化、健胃利膽的功效，適用於消化不良、肝臟功能不全、腸胃痙攣等。

茶樹還能治療傷口和促進肉芽組織生長、促進上皮組織生成、消血腫，適用於頭皮發癢、皮膚發癢、皮膚久傷不愈、牛皮癬，預防痤瘡和褥瘡等。

日常應用

口腔保健；牙肉發炎、口瘡；痤瘡；傷口；預防褥瘡；陰道微菌；香港腳；驅蟲；瘙癢；頭虱；下肢潰瘍；痔瘡；泌尿道發炎；惡露；虛弱、精疲力盡。

使用方法：擴香、外用。

保存方法：置於深色玻璃瓶室溫中保存，建議玻璃瓶放在木盒中，以降低溫度的波動。未開封的純精油可以保存6年，已開封的最好於2年內用完，若已調和為按摩油，於3個月內用完效果最佳。

注意事項：茶樹精油屬無毒、無刺激性的精油，對孕婦、嬰幼兒影響不大，但皮膚敏感者還是稀釋後使用為宜。茶樹精油揮發性較高，用於眼部周圍時，應避免引起眼睛不舒服。

香薰用法

作用：鎮靜、安神、安撫。

配方：茶樹精油3滴、乳香精油2滴、甜橙精油2滴。

用法：將上述精油，滴入擴香機中，插上電源，享受芬芳的薰香。

嗅聞用法

作用：預防感冒、治療咳嗽、呼吸順暢。

配方：茶樹精油3滴、甜橙精油1滴、阿米香樹精油2滴。

用法：蒸臉：將所有精油依次滴入盛滿熱水的臉盆中，將臉部靠近水面，吸嗅蒸汽；嗅聞：將上述精油裝進調和瓶進行嗅吸或滴在紙巾上嗅吸。

配伍精油

羅勒、薰衣草、玫瑰、迷迭香、百里香、肉桂、黑胡椒、丁香、絲柏、案樹、薑、檸檬。

丁香花蕾精油

CLOVE BUD OIL

英文名稱：Clove
植物學名：Eugenia caryophyllata
科　　屬：桃金娘科 Myrtaceae
加工方法：水汽蒸餾
萃取部位：花苞
主要成分：丁香花蕾酚、石竹烯、乙醇丁香花蕾酚酯

丁香原產於亞洲的印度尼西亞，優質的丁香精油多是從未成熟的花蕾中萃取的，丁香花蕾精油安全係數高，味道芳香甜蜜，清潔抗菌能力強大，一直受到愛精油一族的熱烈追捧。

丁香入藥的歷史悠久，印度佛教經典中記載丁香是一種治療眼疾的良藥，可消除人的懈怠和昏沉。它也常被佛教做道場清潔和驅除異味、淨化場地時使用。中國人早就在實踐生活中懂得了丁香的妙處，比如它可以清新口氣，緩解牙痛，人們咀嚼丁香葉子便可獲得以上效果。在歷史長河中，丁香均被作為抗菌劑，預防瘟疫等傳染病，法國人曾把丁香用作抗菌藥，治療過傷口感染、鼠疫、腸道寄生蟲等，在這方面，它是當之無愧的藥物。據說，當年荷蘭人將摩鹿加群島上的丁香樹砍伐殆盡之後，沒想到當地很多種傳染病相繼暴發，造成無法估計的損失，人們這才意識到，正是由於丁香的存在，很多病菌才被克制不曾蔓延。後來，葡萄牙人和法國人爭相進口丁香，把它作為十分重要的香料使用。為防止甜橙蟲蛀腐爛，丁香被廣泛用作甜橙中的驅蟲劑。丁香還可以殺滅消化道寄生蟲，幫助消化，印度人曾經將丁香製成瓊漿服用。丁香還可以有效緩解牙疼，治療口腔潰瘍，現在，它也成為牙膏中重要的添加劑。

無論什麼時候，只要有流行病發生，請將丁香精油滴入家裏的香薰機，就可以讓周圍空氣變得清潔，從而保護家人免受病毒的侵擾。

國醫解讀

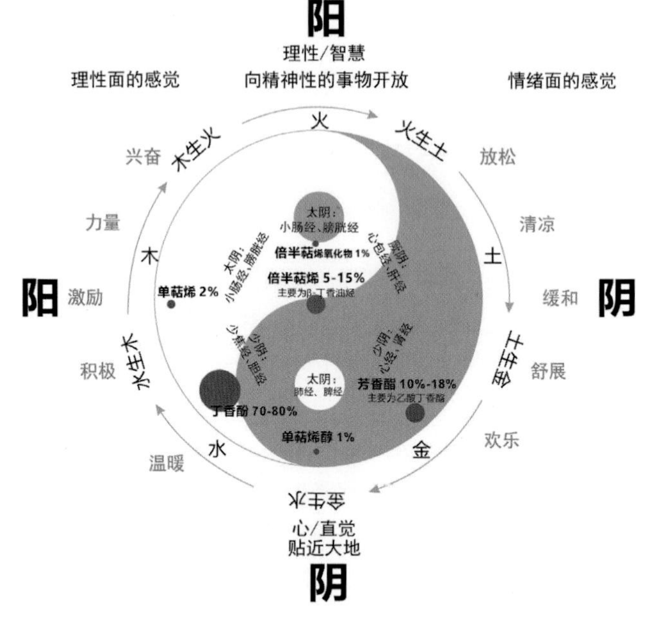

性味與歸經：

味辛、溫。歸肺、腎、脾、胃、大腸、小腸經。

功效：

肺經：丁香花蕾入肺經，能有效抵抗各種不同的細菌、抗病毒、抗真菌、抗發炎，適用於感冒症狀、支氣管炎、氣喘等，可舒緩牙齒及牙齦不適疼痛、保護牙齒與牙齦健康，治療感染性皮膚的潰瘍和外傷。

腎經：丁香花蕾入腎經，能改善甲狀腺機能，使人有溫暖的感覺，適用於甲狀腺功能低下、腰膝無力、性冷淡等。

脾、胃、大腸、小腸經：丁香花蕾具有紓解肌肉痙攣、刺激免疫系統、滋補、促進子宮收縮、幫助消化的功效，適用於脹氣、消化不良、嘔吐、腸胃痙攣等。

日常應用

感冒症狀；支氣管炎；心絞痛；口腔炎；牙痛；消化問題；肌肉纖維化；關節炎和關節痛；風濕；虛弱；經期不適；痔瘡。

使用方法：擴香、外用。

保存方法：置於深色玻璃瓶室溫中保存，建議玻璃瓶放在木盒中，以降低溫度的波動。未開封的純精油可以保存6年，已開封的最好於2年內用完，若已調和為按摩油，於3個月內用完效果最佳。

注意事項：稀釋使用，皮膚敏感者慎用。生理期、孕產期、哺乳期女性不宜使用。

香薰用法

作用：振奮、提升記憶力、抗菌、抗病毒。

配方：丁香花蕾精油2滴、尤加利精油1滴、阿米香樹精油1滴。

用法：將上述精滴入擴香機中，插上電源，享受芬芳的薰香。

漱口用法

作用：將丁香花蕾精油以低濃度的比例，添加在漱口水中，能幫助改善口氣問題，還能幫助消炎抗菌，解決口腔炎症，舒緩喉嚨痛、咳嗽等症狀。

配方：丁香花蕾精油1滴、300—500mL溫水。

用法：將上述精油加入溫水中，搖勻，用來漱口即可。

配伍精油

羅勒、安息香、黑胡椒、葡萄柚、檸檬、肉豆蔻、薄荷、尤加利、迷迭香、阿米香。

迷迭香精油
ROSEMARY OIL

英文名稱：Rosemary
植物學名：Rosmarinus officinalis l.
科　　屬：唇形科 Labiatae
加工方法：水汽蒸餾
萃取部位：葉、枝
主要成分：龍腦、乙酸龍腦酯、樟腦

迷迭香屬灌木植物，原產於地中海，淺藍色花瓣蕩漾在銀綠色的針葉叢中，宛如碧玉盤中回旋的藍色露珠，因此在拉丁文中也被稱為「海洋之露」。它生命力旺盛，喜溫暖乾燥，尤其是海邊環境，幾乎整個歐洲都可以看到迷迭香的身影。

植物入藥是人類的一大創舉，迷迭香是最早藥用的植物之一，它有很強的殺菌力，可延緩肉質腐爛，是天然的防腐劑。埃及古墓中曾經發現迷迭香殘留，羅馬人和希臘人認為它能使死者獲得安定平和，是再生的象徵，曾用迷迭香枝條驅除病魔，獻祭神祇。法國人深知其抗菌的強大功效，每當流行病暴發，總會在毒氣彌漫中點燃迷迭香來淨化空氣。

在很多文學作品中，也可看到迷迭香的影子。例如莎士比亞在《哈姆雷特》裏，讓奧菲利亞說出：「迷迭香，可以幫助回憶，親愛的，請你牢記在心！」一語道破迷迭香可激活中樞神經、增強記憶力的秘密。而迷迭香精油更是當之無愧的省思強神、激活腦神經的佳品。

在美容領域，迷迭香精油以其超強的收斂效果，令鬆弛的面部皮膚迅速緊緻，修復面部充血，消退紅腫，有回春的效果。匈牙利皇后唐娜伊莎貝拉晚年用迷迭香精油洗臉，不可思議地煥發了青春，迷迭香精油從此被稱為「匈牙利皇后之水」。

中國早在曹魏時期就引入了迷迭香，當時主要分布在南方地區，除了用於觀賞也被製作成藥物。

國醫解讀

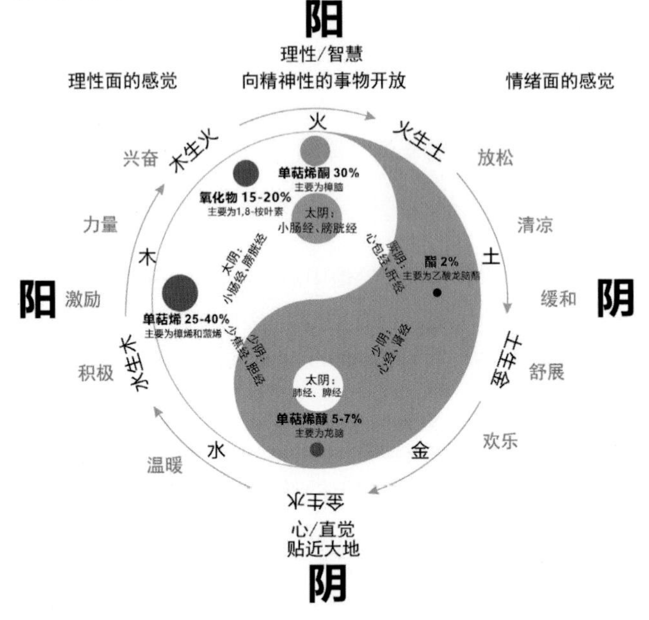

性味與歸經：

辛、溫。歸心、肺、膀胱、腎經。

功效：

心經：迷迭香入心經，低劑量之時具有激勵、集中注意力的功效，能緩解壓力和疲累，改善動脈樣硬化。

肺經：迷迭香入肺經，具有抗真菌、抗發炎、消解粘液及促進排出、止痛、促進血液循環的功效，適用於感冒、中耳炎、細菌性支氣管炎等。

膀胱、腎經：迷迭香入膀胱、腎經，具有刺激循環系統與新陳代謝、利尿的功效，適用於月經不調、水腫、膀胱炎、陰道炎等。

日常應用

感冒；中耳炎；細菌性支氣管炎；低血壓；風濕症狀；真菌感染；橘皮組織；月經不調；害喜；身心俱疲；恢復期。

使用方法：擴香、外用。

保存方法：置於深色玻璃瓶室溫中保存，建議玻璃瓶放在木盒中，以降低溫度的波動。未開封的純精油可以保存6年，已開封的最好於2年內用完，若已調和為按摩油，於3個月內用完效果最佳。

注意事項：如用於皮膚，應用基礎油稀釋使用。孕婦、嬰幼兒、癲癇患者應避免使用。

香薰用法

作用：提振精神、改善記憶力。

配方：迷迭香精油2滴、薄荷精油1滴。

用法：將上述精油滴入擴香機中，插上電源，開始享受芬芳的薰香。

按摩用法

作用：可以鎮痛、理氣、活絡筋骨。

配方：迷迭香精油5滴、八角茴香精油2滴、野橘精油2滴、分餾椰子油20mL。

用法：將上述精油與分餾椰子油混合均勻成按摩油，按摩合適部位或全身。

嗅聞用法

作用：可以化痰止咳，使呼吸順暢。

配方：迷迭香精油5滴、茶樹精油2滴、檸檬精油3滴。

用法：蒸臉：將所有精油依次滴入盛滿熱水的臉盆中，將臉部靠近水面，吸嗅蒸汽；嗅吸：將上述精油裝進調和瓶進行嗅吸或滴在紙巾上嗅吸。

配伍精油

柑橘類精油，羅勒、芫荽籽、檸檬草、薰衣草、薄荷、玫瑰、茉莉、雪松、絲柏。

尤加利精油
EUCALYPTUS OIL

英文名稱：Eucalyptus
植物學名：Eucalyptus globulus
科　　屬：桃金娘科 Myrtaceae
加工方法：水汽蒸餾
萃取部位：葉、枝
主要成分：桉葉素、蒎烯、歡烯

尤加利是一種常綠的喬木，多生長在澳洲，世界各地也都有種植。它的名字源自希臘文，澳洲當地人用它來退燒，治療發炎的傷口，是人們眼中的「抗熱樹」。地中海西西里島曾經種植尤加利，人們知道它可以抗菌，曾用它來對抗瘧疾。1788年作為一種裝飾性樹種，尤加利被歐洲引進，但歐洲人很快發現它會釋放化學毒素進入土壤，從而抑制周圍植物生長。但這並不妨礙人們對尤加利的鍾愛，隨著醫療技術的發展，人們利用尤加利強大的殺菌特性研製出抗菌、殺菌劑，並投入工業生產。

尤加利精油萃取自其樹木的葉和枝，雖然世界各地都有尤加利的影子，但精油還是澳洲產的最受歡迎。這種精油一經問世，就被廣泛應用到各領域，從殺菌劑到鞋油，五花八門。當尤加利精油被進口到英國時，它在消化方面起到的良好作用一下子打開當地市場，人們都稱它為「雪梨薄荷」。

醫生們首先發現尤加利精油在抗菌抗病毒、治療感冒方面的優秀表現。幾乎所有呼吸系統的疾病都可用到這款精油，它還可以作為引發神經系統的興奮劑，在緩解疲勞、集中注意力、消除倦怠上有獨特功效。有權威人士證明，在對風濕和糖尿病的治療中，尤加利精油也正在發揮越來越顯著的作用。尤加利精油是使用比較廣泛的油類，如果家中有吸烟人士，居家常用這款精油，不但可以淨化空氣，消毒殺菌，淨化二手烟帶來的危害，也可以改善家中氛圍，平衡人的情緒，提振精神。

國醫解讀

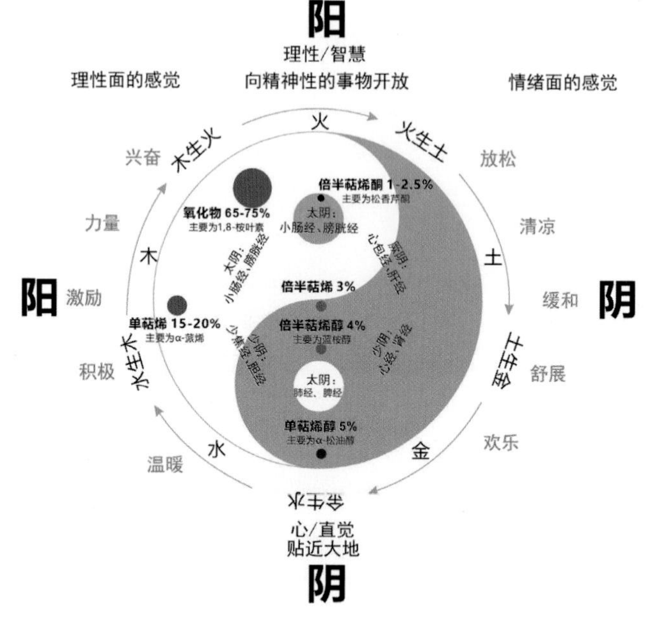

性味與歸經：

寒、辛、苦。歸心、肺、大腸、小腸、膀胱經。

功效：

心經：尤加利入心經，對情緒有冷卻作用，可以使頭腦清晰和集中，能使人溫暖，提升自信等。

肺經：尤加利入肺經，具有止痛、抗菌、抗病毒、抗風濕、抗炎、解痙、清除血液雜質，改善皮膚老化的功效，用於治療哮喘和咽喉痛、預防感冒、退燒、緩解炎症症狀等。

大腸、小腸、膀胱經：尤加利入大腸、小腸、膀胱經，具有抗腸胃道痙攣、抗發炎及利尿化濕的特性，適用於膀胱感染、尿道炎、水腫、濕疹、痛風、肥胖、腎結石，可促進淋巴系統引流及排毒等，能緩解因緊張造成的腹痛、腹瀉、腸燥症等。

日常應用

預防感冒、生殖泌尿部位發炎；膀胱炎；風濕症狀；頸椎疾病；恢復期；職業倦怠；注意力無法集中；防蚊。

使用方法：擴香、外用。
保存方法：置於深色玻璃瓶室溫中保存，建議玻璃瓶放在木盒中，以降低溫度的波動。未開封的純精油可以保存6年，已開封的最好於2年內用完，若已調和為按摩油，於3個月內用完效果最佳。
注意事項：稀釋使用，高血壓、癲病患者及嬰幼兒建議忌用。

香薰用法

作用：順暢呼吸、抗感冒。
配方：尤加利精油2滴、薰衣草精油1滴、迷迭香精油1滴。
用法：將上述精油滴入擴香機中，插上電源，享受芬芳的薰香。

泡浴用法

作用：改善循環不暢、血氣不順。
配方：尤加利精油2滴、玫瑰精油3滴。
用法：先在浴缸中放約八分滿37℃至39℃的熱水，將上述精油倒入水中，攪動後使精油分散後泡浴。

配伍精油

馬鬱蘭、薰衣草、香蜂草、百里香、迷迭香、玫瑰、茶樹、安息香、杜松。

百里香精油

THYME OIL

英文名稱：Thyme
植物學名：Thymus vulgarisor l.
科　　屬：唇形科 Labiatae
加工方法：水汽蒸餾
萃取部位：葉、枝
主要成分：百里香酚、香芹酚、對聚傘花素

百里香是常綠灌木植物，原產於地中海沿岸，因香味濃烈，且能散播很遠，中國南方地區又叫它千里香或者九里香。它的英文名源自希臘文，是「芳香」之意。傳說中，它是特洛伊美女海倫的一滴滴眼淚化成的，所以百里香又叫作「海倫的淚」。現在，很多香水中含有百里香成分。三千多年前，兩河流域的人們就開始使用百里香。埃及人發現在延緩食物腐爛方面，百里香是非常好的防腐劑。現在，研究實驗中發現，肉汁裏如果滴入百里香精油，可以有效避免細菌滋生，保鮮時長明顯延長。希臘「醫學之父」希波克拉底將它列入藥單，指出百里香可以幫助消化，建議人們飯後服用。傳說羅馬時代，為鼓舞士氣，激發作戰勇氣，士兵在出征前會佩戴百里香。百里香也成了羅馬士兵披肩上流行的圖案。

古代人發現，百里香可以祛毒，被毒蛇、毒蟲咬傷後使用百里香解毒效果非常好。中世紀，整個歐洲在一場大瘟疫的籠罩下曾蕭條不堪，百里香在此期間成為歐洲人治療疫病的重要藥物，幫助人們緩解病痛，解除痛苦。後來，歐洲人在諸如法院和審判庭等公共場所噴百里香水成為慣例，法官上法庭時也會帶著成束的百里香。

隨著實踐生活的發展，人們逐漸發現百里香的更多功效，比如強化神經系統、平衡情緒、治療感冒、健胃消食等。百里香精油也成為越來越多人的摯愛。

國醫解讀

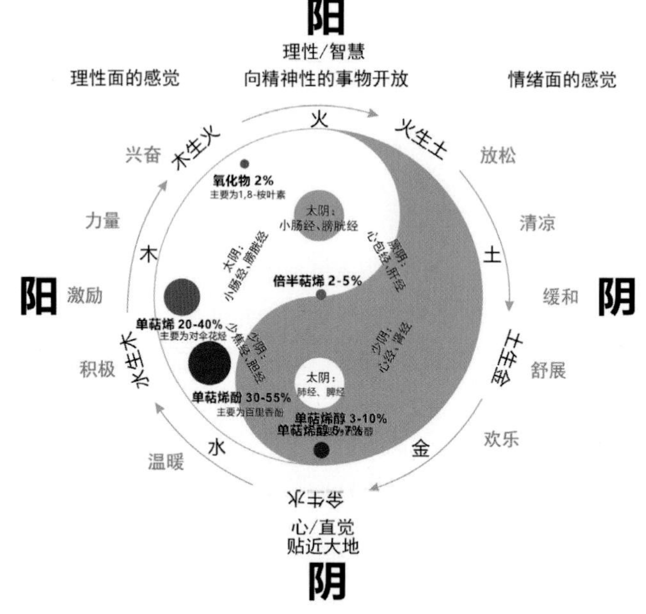

性味與歸經：

味辛，性平。歸心、肺、三焦、脾經。

功效：

心經：百里香入心經，具有一般滋養和滋養神經的功效，適用於職業倦怠、神經性疲勞、壓力大、記憶力不佳和恐懼症。

肺經：百里香入肺經，具有抗細菌、抗病毒、抗真菌、抗寄生蟲的功效。適用於各種感染：耳鼻喉與肺部、尿道、消化道及皮膚感染(粉刺、真菌)。

三焦經：百里香入三焦經，具有利尿和提升循環系統的功效，適用於止痛、抗風濕、尿道感染、膀胱炎等。

脾經：百里香入脾經，能激勵免疫系統、有益於消化，適用於腹瀉、脹氣等。

日常應用

感冒症狀；痙攣性咳嗽；中耳炎；免疫系統降低；消化問題；膀胱炎；護胃；預防褥瘡；鵝口瘡；尿布疹；陰道微菌；注意力不集中；意氣消沉。

使用方法：擴香。

保存方法：置於深色玻璃瓶室溫中保存，建議玻璃瓶放在木盒中，以降低溫度的波動。未開封的純精油可以保存6年，已開封的最好於2年內用完，若已調和為按摩油，於3個月內用完效果最佳。

注意事項：百里香精油屬非常強勁的精油，是最強的抗菌劑之一，長期大量使用有可能引起中毒。還有可能會刺激皮膚和粘膜組織，請勿長期高濃度使用；敏感肌膚者需謹慎使用；孕婦忌用。

香薰用法

作用：淨化空氣、提商免疫力，緩解壓力、振奮提神。

配方：百里香精油5滴。

用法：將上述精油滴入擴香機中，插上電源，享受芬芳的薰香。

配伍精油

薰衣草、迷迭香、綠花白千層、洋甘菊、檸檬、甜橙、茶樹、杜松。

薄荷精油
PEPPERMINT OIL

英文名稱：Peppermint
植物學名：Mentha piperata
科　　屬：唇形科 Labiatae
加工方法：水汽蒸餾
萃取部位：葉、莖
主要成分：薄荷醇、薄荷酮、香芹酮

薄荷是一種唇形科芳香植物，是庭院或者家裏陽臺上常見的美化植物，以其清新而強烈的香氣給人留下深刻印象。在神話傳說中，冥王哈迪斯喜歡一個叫作曼茜的美麗少女，但是他的妻子佩瑟芬卻醋意大發，為了將丈夫留在身邊，佩瑟芬用法力將曼茜變成了一株草，生長在路邊讓過往行人任意踩踏。可憐的曼茜雖身為草芥，但內心依然堅定純潔，周身散發出清涼的迷人芬芳，而且越是被踩踏，那香味越是濃烈持久，越來越多的人注意到這種小草，把它帶回家培植，並給它取名叫薄荷。傳說賦予了薄荷美好的節操，讓它成為一種抱持希望，保持內心潔淨的象徵。這種植物在人情志消沉的時候，能帶來振奮；在麻木的時候，可以賜予清醒。

而人類使用薄荷的歷史也很悠久，有時拿它入藥，有時直接食用。羅馬人早就知道薄荷可以解毒，將它編製成頭冠，在宴會的時候佩戴。他們還用薄荷釀酒，飲用後讓心情變得舒爽愉悅。希伯來人認為薄荷可以催情，將它製成香水，灑在男女幽會的場所，營造舒爽怡人的氛圍。英國從1750年開始把薄荷列入商業生產，並從中獲利無數。

薄荷精油是一款常見的精油，也是初學者和愛精油一族必備的神器。在考試前的複習室中，在公司的會議廳裏，在夏日沉悶的街頭，都是薄荷精油大顯身手的時候，那股清涼味道，如從另一個世界吹來的風，會卷走所有懈怠和不振，將植物芳香的能量注入人的體內，使人瞬間煥發生機活力。

薄荷精油可以消除疲勞，驅除異味，清咽利喉，緩解疼痛，抗感染，加速排毒。除了氣味怡人，還有多重強大的功能促使它廣受青睞，正在為更多人、更多領域所使用。

國醫解讀

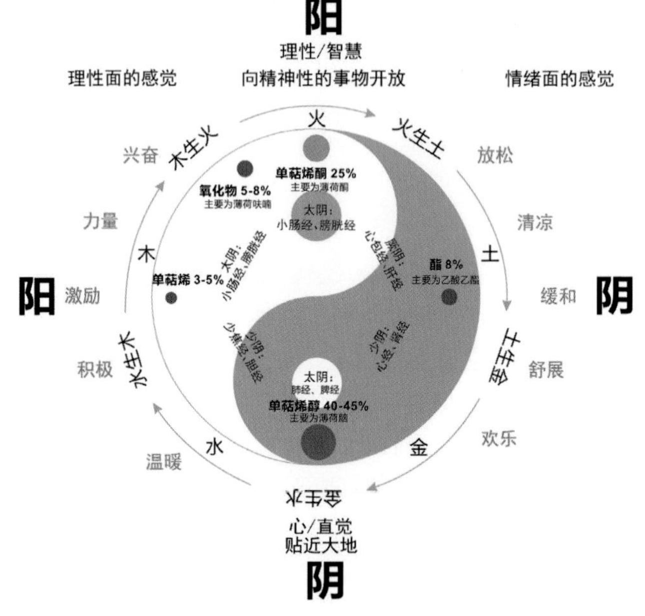

性味與歸經：

味辛、涼。歸心、肺、肝、大腸、小腸、胃、膀胱經。

功效：

心經：薄荷入心經，具有提神、醒腦的功效，適用於害喜、身心疲憊、無精打采、無法集中注意力等。

肺經：薄荷入肺經，能抗細菌、抗病毒、抗真菌、抗發炎等，用於咽喉感染、鼻竇充血、咳嗽、氣喘、支氣管炎、皮膚瘙癢、痤瘡、皮膚不潔、濕疹等。

肝經：薄荷入肝經，具有排解脹氣、幫助消化的功效，適用於疏肝理氣、平息怒氣等。

大腸、小腸、胃、膀胱經：薄荷八大腸、小腸、胃、膀胱經，具有增強抵抗力、抗痙攣等功效，適用於脹氣、積食、腹瀉、嘔吐、便秘、暈車、噁心、胃炎等。

日常應用

感冒；緊張性消化不良；帶狀疱疹；真菌感染；傷口；疤痕；心理疲勞。

使用方法：擴香、外用。

保存方法：置於深色玻璃瓶室溫中保存，建議玻璃瓶放在木盒中，以降低溫度的波動。未開封的純精油可以保存6年，已開封的最好於2年內用完，若已調和為按摩油，於3個月內用完效果最佳。

注意事項：使用之前，建議先做過敏測試，稀釋使用。

香薰用法

作用：治療感冒、提神。

配方：薄荷精油3滴、廣藿香精油1滴，尤加利精油1滴、乳香精油1滴。

用法：將上述精油滴入擴香機中，插上電源，享受芬芳的薰香。

嗅聞用法

作用：順暢呼吸、放鬆精神。

配方：薄荷精油2滴（單獨使用或混合使用）、薰衣草精油2滴、花梨木精油2滴。

用法：直接嗅聞：將上述精油裝進調和瓶進行嗅吸或滴在紙巾上嗅吸；蒸汽吸入：也可將上述精油滴入熱水中，閉上眼睛，即可進行蒸汽吸入法。

配伍精油

薰衣草、迷迭香、快樂鼠尾草、茶樹、廣藿香、佛手柑、花梨木、馬鬱蘭、雪松、檀香。

羅勒精油

BASIL OIL

英文名稱：Basil
植物學名：Ocimum basilicum
科　　屬：唇形科 Labiatae
加工方法：水汽蒸餾
萃取部位：花、葉
主要成分：芫荽醇、龍腦、羅勒烯

羅勒自古以來就是一款藥食同源的芳香植物，在古代可以入藥，也作香料使用，具有強烈刺激的香氣，是一種身形比較矮小的植物亞熱帶植物，喜歡溫暖濕潤的氣候。羅勒在希臘人眼裏極其珍貴，基督教儀式中，羅勒油被加入聖油中，塗抹在國王身上，以增加帝王氣派，它又被稱作「植物中的國王」。而它的學名Ocimumbasilicum來自希臘文，是「皇家」的意思，羅勒被譽為「帝王之草」看來是當之無愧的。

太平洋和印度洋沿岸的人一直將羅勒作為傳統草藥看待，它對神經性頭痛的作用首屈一指，而且人們發現它對改變壞心情也有極大幫助。中國人還發現它對治療痙攣和癲癇有神奇效果。在阿拉伯和印度的宗教儀式裏總是少不了羅勒的身影，很多希臘的教堂為了彰顯威嚴和聖潔，也會擺放羅勒的盆栽。由於香味強烈，有人也稱它為「香草之王」。埃及人曾經用它製作木乃伊，讓那芬芳防止屍體腐爛，印度則覺得那霸道的香氣可以守護人的靈魂。羅勒不但可以舒筋活血，還可以在洗腳的時候加入水中以驅除腳臭。

羅勒精油萃取自它的花朵和葉子，是香氣最為強烈的部位，它對穩定神經系統和提神醒腦起到的作用不亞於藥物。羅勒精油也是女性所鍾愛的一款精油，除了可以改善老化皮膚，清潔皮質，還能刺激雄性激素分泌，調理月經。而且羅勒精油可搭配使用的精油非常廣泛，它還有很多功效正在等待我們去嘗試和探索。

國醫解讀

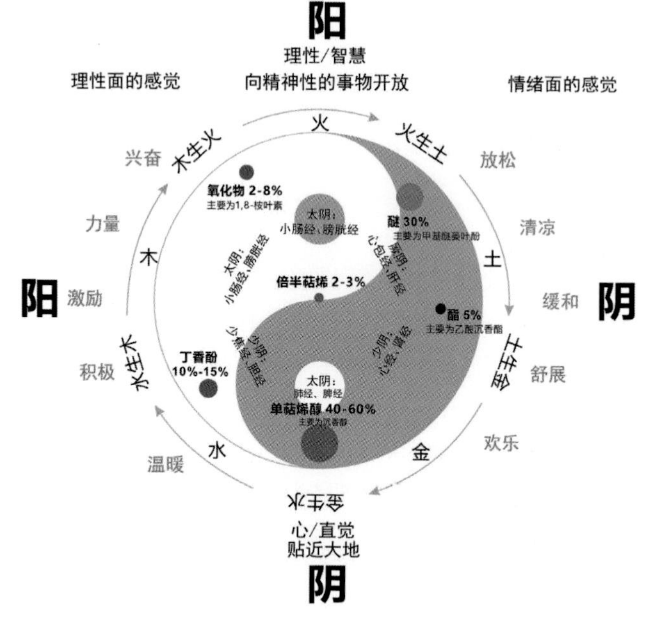

性味與歸經：

辛、溫。歸肺、脾、胃、大腸、膀胱經。

功效：

肺經：羅勒入肺經，具有抗病毒、抗細菌、抗痙攣、護膚的功效，適用於支氣管炎、咳嗽、感冒、發燒、濕疹、癬等。

脾、胃、大腸經：羅勒入脾、胃、大腸經，能強化免疫系統、增進食欲、促進消化機能，適用於肌肉痙攣、肌肉疲勞等。

膀胱經：羅勒入膀胱經，具有刺激腎上腺皮質、利尿的功效，能緩解痛風、降低尿酸、促進性欲和治療不孕症等。

日常應用

抗菌、消炎、止痛、鎮靜、安撫、抗痙攣、抗衰老、抗沮喪。

使用方法：擴香、外用，稀釋使用。
保存方法：置於深色玻璃瓶室溫中保存，建議玻璃瓶放在木盒中，以降低溫度的波動。未開封的純精油可以保存6年，已開封的最好於2年內用完，若已調和為按摩油，於3個月內用完效果最佳。
注意事項：使用羅勒精油，其濃度應在1%以下，過量使用後有麻醉作用。

香薰用法

作用：治神經性頭痛、愉悅精神。
配方：羅勒精油3滴、野橘精油1滴、玫瑰精油1滴。
用法：將上述精油滴入擴香機中，插上電源，享受芬芳的薰香。

按摩用法

作用：消除反胃、噁心，改善消化不良。
配方：羅勒精油3滴、黑胡椒精油2滴、豆蔻精油2滴、分餾椰子油15mL。
用法：將上述精油和分餾椰子油混合後，按摩不適的胃部即可。

配伍精油

肉桂、豆蔻、月桂、黑胡椒、快樂鼠尾草、香蜂草、馬鬱蘭、薰衣草、玫瑰、柑橘、檀香。

馬鬱蘭精油

MARJORAM OIL

英文名稱：Marjoram
植物學名：Origanum majorana
科　　屬：唇形科 Labiatae
加工方法：水汽蒸餾
萃取部位：花、葉
主要成分：松油醇、梓腦、龍腦

馬鬱蘭又叫馬喬蓮、甜牛至，植物學名Origanum源自希臘語，意思是「山之喜悅」。在古希臘，人們深信這種植物是神明的化身，能給人類帶來幸福和喜悅，他們熱愛馬鬱蘭和橄欖油烤的馬鈴薯，把這種吃法奉為經典。希臘神話中，馬鬱蘭是愛和美的女神愛芙黛蒂的所愛，因女神的碰觸才具有了舉世無雙的香氣。羅馬神話裏把它描述為愛神維納斯的御用之草，代表著愛情與繁殖的力量。在希臘和羅馬的傳統婚禮中，新郎新娘頭上會被戴上馬鬱蘭編制的花冠，以接受人們的祝福。

馬鬱蘭的氣味芳香而溫和，總是帶給人溫暖，就像來自自然母親的慰藉和祝福。這種源自地中海的植物在人類文化中締造了很多神秘和神聖，當然是因為它獨特的芳香，更是因為其廣泛的藥效和用途。17世紀，很多醫生在治療神經失調的處方中寫下了馬鬱蘭的名字，甚至還發現它有止痛活血、治療消化系脹氣等疾病的功效。《草藥志》的作者杰勒德說它是「最佳的治療所有與頭腦有關疾病的良藥」。人們對馬鬱蘭的鍾愛和研究從未中斷，到了18世紀，研究又發現它更多的功能，比如刺激食欲、治療風濕風寒和絞痛。到了近現代，隨著科學的發展，人們開始發現馬鬱蘭體內含有多種天然成分，好像集天地精華於一身，締造了它優秀的品質。

馬鬱蘭精油最具有代表性的功效之一就是舒緩鎮靜、調解神經系統，而且穩定而溫和，是一款非常安全的精油，老幼婦孺都可使用。馬鬱蘭對心靈的撫慰功能很早之前就被人們熟知，英文名Marjoram源於拉丁語，意思是聞到此花的香氣，就像是被聖母慈愛而溫柔地撫慰著一樣。

國醫解讀

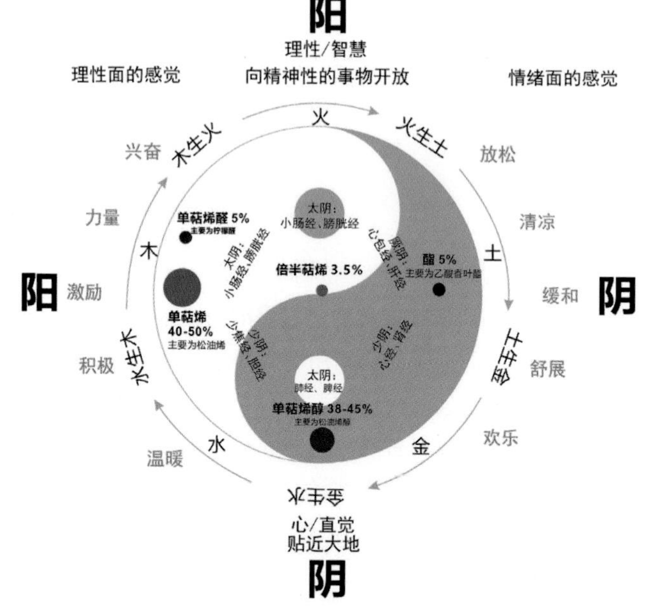

性味與歸經：

味辛、苦、溫。歸心、心包、肺、脾、大腸、小腸經。

功效：

心、心包經：馬鬱蘭入心、心包經，具有提神、安撫、平衡的功效，適用於自主神經功能障礙、失眠、情緒緊張、焦慮等。

肺經：馬鬱蘭入肺經，具有擴張支氣管的功效，適用於鼻炎、頜竇炎和鼻竇炎、中耳炎、支氣管炎、神經炎等。

脾、大腸、小腸經：馬鬱蘭入脾、大腸、小腸經，具有助消化、解痙攣、止痛的功效，適用於胃部脹氣、嘔吐、便秘、子宮痙攣痛、痛經、肌肉疼痛等。

日常應用

提振、溫暖、安撫、止痛、活血、理氣、抗痙攣。

使用方法：擴香、外用，稀釋使用。

保存方法：置於深色玻璃瓶室溫中保存，建議玻璃瓶放在木盒中，以降低溫度的波動。未開封的純精油可以保存6年，已開封的最好於2年內用完，若已調為按摩油，於3個月內用完效果最佳。

注意事項：一般認為馬鬱蘭精油不具有刺激性，但長期使用可能會引起怠。妊娠期禁用。

香薰用法

作用：提振精神、舒緩情緒。

配方：馬鬱蘭精油2滴、乳香精油1滴、迷迭香精油1滴。

用法：將上述精油滴入擴香機中，插上電源，開始享受芬芳的薰香。

按摩用法

作用：緩解頭痛。

配方：馬鬱蘭精油3滴、薰衣草精油3滴。

用法：將上述精油滴入盆中，放入毛巾後吸起精油、擰乾，將毛巾敷在頭痛部位，並以手指輕輕按摩即可。

配伍精油

茴香、肉桂、羅勒、香蜂草、薑、檸檬、茉莉、薰衣草、佛手柑、洋甘菊、花梨木、雪松。

牛至精油
ORIGANUM OIL

英文名稱：Origanum
植物學名：Origanum compactum
科　　屬：唇形科 Labiatae
加工方法：水汽蒸餾
萃取部位：花、葉
主要成分：香芹芥酚、百里香酚

牛至原名墨角蘭草，原產於地中海地區，現在歐洲、亞洲、美洲都有它的踪迹。牛至從外觀上看長得很像馬鬱蘭，但這卻是兩種完全不同的植物，區別起見，也把馬鬱蘭叫「甜馬鬱蘭」，牛至也稱「野馬鬱蘭」。馬鬱蘭性情溫和，花香圓潤，有鎮靜舒緩之效，老弱病殘都適用。但是牛至，有辛辣、生猛的香草味，可殺菌、殺蟲、抗感染，如果使用時不加稀釋，還會為它強烈的刺激性灼傷。馬鬱蘭就像是一位溫婉柔弱的小家碧玉，而牛至則是馳騁馬背、熱衷拼殺的俠女。因為富含百里酚，它的殺毒功效可比肩人工抗生素，有的人說牛至有毒，對待病毒也是以牙還牙，以毒攻毒。正因為此，它雖功力甚高，但卻無法在芳療界成為單方的常用精油，除非混合其他精油一起使用。

牛至的名字是兩個希臘文Oros（山）和ganos（喜悅）的合體，這是由於它喜歡向陽的山地，陽光越強烈，其生長越旺盛，猶如把太陽的熱力全部吸進身體，內化成它烈性的氣味和雄厚的內力。因此，數千年前，牛至就被埃及人當做香料做成啤酒，緩解打嗝、脹氣。他們還用它對抗肺結核等疾病，並且將它種在墓地旁，認為這種香味刺激、醫用神奇的野草可以幫助死者安息。到了19世紀，人們經過千百年證實，牛至具有治療哮喘、咳嗽和支氣管炎的功效，敷用還可緩解關節疼和風濕病。

在古代備受珍視的植物如今以科技手段萃取出的精油更是人間至寶，牛至精油將植物鎮定安撫、消毒止痛的功效永遠留在了人們身邊。

國醫解讀

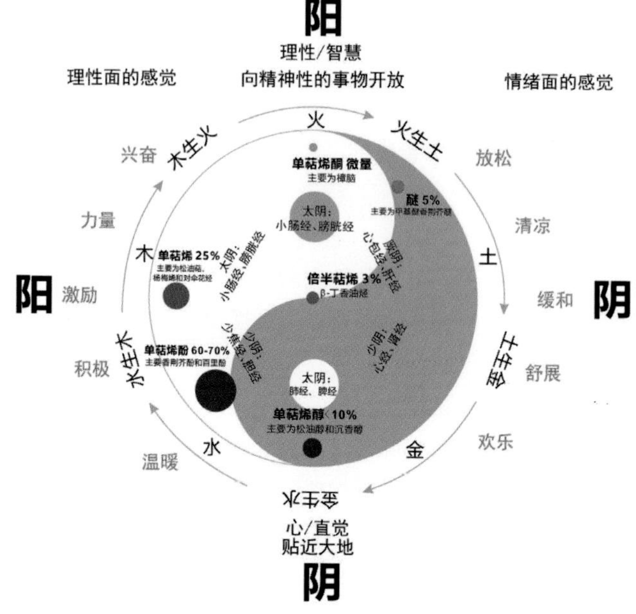

性味與歸經：

味辛、苦、溫。歸心、肺、脾、大腸、小腸經。

功效：

心經：牛至入心經，具有調節和刺激神經的作用，適用於頸椎僵硬疲勞、緊張型頭痛、神經病、失眠、情緒緊張等。

肺經：牛至入肺經，能滋補肺氣、淨化的功效，適用於支氣管炎、感冒、粘膜發炎、改善氣喘、百日咳等。

脾、大腸、小腸經：牛至入脾、大腸、小腸經，具有安撫神經性胃部異常、腸胃痙攣的功效，有利於抑制酸度、助消化脹氣、改善吞氣症、開胃等。

日常應用

抗菌、消炎、化痰、鎮靜、安撫、抗痙攣、止咳、止痛。

使用方法：擴香，稀釋使用。
保存方法：置於深色玻璃瓶室溫中保存，建議玻璃瓶放在木盒中，以降低溫度的波動。未開封的純精油可以保存6年，已開封的最好於2年內用完，若已調和為按摩油，於3個月內用完效果最佳。
注意事項：懷孕期間避免使用；18歲以下人士禁用；不要在洗浴中使用，容易引起皮膚過敏。

香薰用法

作用：化痰止咳、鎮痛。
配方：尤加利精油2滴、牛至1滴、冬青精油1滴。
用法：將上述精油滴入擴香機中，插上電源，享受芬芳的薰香。

配伍精油

月桂、薰衣草、百里香、茶樹、迷迭香、柑橘、檸檬、案樹、絲柏。

快樂鼠尾草精油

CLARY SAGE OIL

英文名稱：Clary sage
植物學名：Salvia sclarea
科　　屬：唇形科 Labiatae
加工方法：水汽蒸餾
萃取部位：花、嫩葉
主要成分：桉油醇、芫荽酯

快樂鼠尾草是鼠尾草的一種，多年生或兩年生草本植物，開白色或者藍紫色花朵，有非常濃郁的香氣，英文名字Clary來自拉丁文，是清澈、明亮之意。古希臘時期，人們就開始收集它的種子用來洗眼睛，在中世紀的歐洲曾被用來治療眼部疾病，有「救世主之眼」的美譽。薩滿巫師、煉金術師還有歐洲和亞洲文化的巫醫們認為快樂鼠尾草是一種奇特的植物，它的香味能令人們拓寬眼界，明辨善惡忠奸，還能培養遠見卓識的美好品質。在他們看來，快樂鼠尾草的作用不僅是人類生理上的眼睛，還是人的心眼。

快樂鼠尾草也叫香紫蘇，有著穗狀花序，部分精油即是萃取自它的花朵。其花語是「撇開混沌，開直覺」。鼠尾草家族龐雜，大部分含有毒素，但是快樂鼠尾草卻無毒，而是像它的名字一樣，能給人帶來快樂和輕鬆。當人在快節奏的生活中，或者身處複雜環境、事件中迷失自我的時候，使用快樂鼠尾草精油，就好比是給自己點亮了迷茫中的一盞明燈，能令人回歸自我，穿過眼前的迷茫，提升自覺力和洞察力，從這個意義上來說，快樂鼠尾草堪稱「靈感之泉」。

現在研究表明，快樂鼠尾草精油含有功效舒緩的成分，可緩解女性經期不適，平衡荷爾蒙，還能提高受孕的概率。在美容領域，快樂鼠尾草精油也常用來控油、抗菌和收縮毛孔，對促進毛髮生長、抑制頭部皮脂腺分泌也有很大幫助。總之，快樂鼠尾草可以帶給人快樂，這種快樂來自它純然的功效，也來自它作為自然之子，暗含的快樂因子的秘訣。

國醫解讀

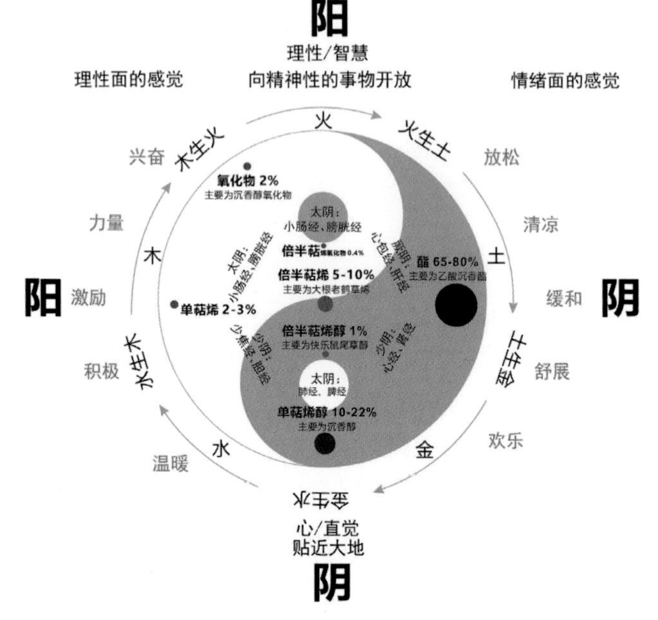

性味與歸經：

溫、辛。歸心、肺、肝、腎經。

功效：

心經：快樂鼠尾草入心經，能增加活力、發靈感和緩解壓力。

肺經：快樂鼠尾草入肺經，具有抗細菌、抗真菌、調整荷爾蒙、抗痙攣、放鬆的功效，可促進皮膚細胞再生、緊緻皮膚，亦能治療咳嗽、支氣管炎、咽喉痛等。

肝經：快樂鼠尾草入肝經，具有疏肝理氣的特性，適用於情緒緊張、肌肉疲勞、偏頭痛等。

腎經：快樂鼠尾草入腎經，能刺激雌性荷爾蒙，有助於女性生殖系統，可以暖宮，治療女性不孕症。

日常應用

抗菌、消炎、祛腳臭、鎮靜、安撫、促進受孕、理氣。

使用方法：擴香、外用。

保存方法：置於深色玻璃瓶室溫中保存，建議玻璃瓶放在木盒中，以降低溫度的波動。未開封的純精油可以保存6年，已開封的最好於2年內用完，若已調和為按摩油，於3個月內用完效果最佳。

注意事項：使用不要過量，否則會導致頭暈、頭疼，同時不要和酒精一起使用。

香薰用法

作用：鎮靜、舒緩心情，恢復平靜。

配方：快樂鼠尾草精油2滴、佛手柑精油1滴、雪松精油1滴。

用法：將上述精滴入擴香機中，插上電源，享受芬芳的薰香。

按摩用法

作用：預防脫髮、刺激毛囊活力。

配方：快樂鼠尾草精油2滴、薰衣草精油4滴、迷迭香精油2滴。

用法：頭髮洗淨後，將上述精油滴入盆中，浸泡頭髮並輕輕按摩頭皮。

配伍精油

柑橘類精油，薰衣草、迷迭香、天竺葵、檸檬香茅、茉莉、絲柏、乳香、雪松。

薰衣草精油

LAVENDER OIL

英文名稱：Lavender
植物學名：Lavandula officinalis
科　　屬：唇形科 Labiatae
加工方法：水汽蒸餾
萃取部位：花序
主要成分：乙酸芳樟酯、芳樟醇、薰衣草醇

薰衣草是一種原產於地中海沿岸、大洋洲和歐洲的植物，後來擴散到了更廣的地方。薰衣草又叫香水植物，有藍紫色穗狀花序，花香濃郁，而且是多年生耐寒花卉，是很多庭院栽培的觀賞植物。古希臘時期，薰衣草的花非常珍貴，一磅的賣價相當於一個工人在農場一個月的工錢。懂得享受生活的羅馬人很早就將薰衣草的花加入沐浴的水中，薰衣草的名字Lavender源於拉丁文Lavare，就是洗淨的意思。人們發現用它沐浴可以使皮膚白嫩，還可以平復疤痕。後來，羅馬人將這種沐浴方法傳到了世界上更廣的地區。薰衣草還經常被裝進袋子，作為殺蟲劑塞入亞麻製品。它還被用來護理傷員，清潔傷口。

在歐洲文化中，薰衣草總是和愛情聯繫在一起，伊麗莎白時期，薰衣草更是成為愛情的象徵。它的花語就是等待愛情。薰衣草被製成香水，受到查理一世的皇后的喜愛。法國化學家蓋特福賽在一次意外中發現它對皮膚有全方位的治療和護理能力，療效堪稱完美。現在，法國菜和摩洛哥菜中也會加入薰衣草，營造出不同尋常的風味。

全世界最著名的薰衣草產地是法國的普羅旺斯和我國新疆的伊犁，因地廣人稀，空氣潔淨，溫度適宜，這裏出產的薰衣草被全世界公認為質量最佳。

薰衣草精油被譽為精油之萃，可以搭配多種植物精油活性因子，對人體肌膚起到深層清潔的作用，還能促進傷口愈合，細胞再生。特別是搭配澳洲茶樹精油，它的殺菌功效會被放大，對青春痘、痤瘡等可快速修復，並且不留疤痕。

薰衣草精油也是芳香療法中用途最廣、最常用常見的一款精油，而且還是少數可以直接塗抹在皮膚上的精油之一，特別適合剛開始瞭解精油的人使用。

國醫解讀

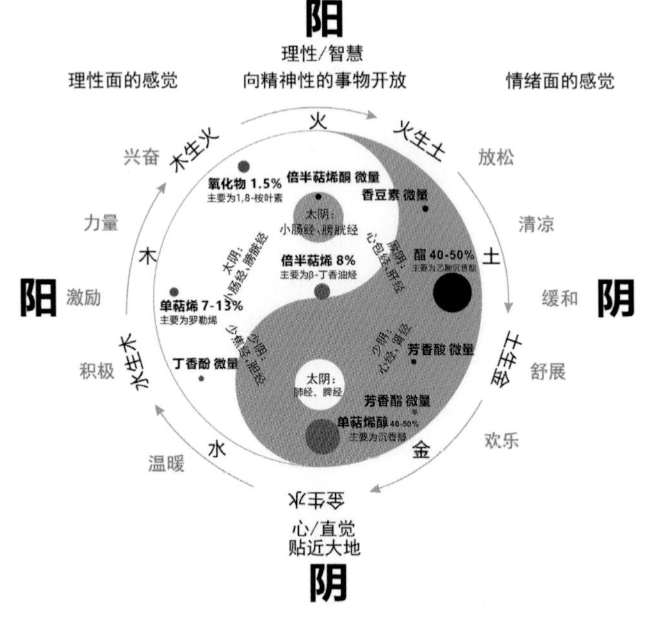

性味與歸經：

味涼、辛。歸心、心包、肺、脾、胃、膽經。

功效：

心、心包經：薰衣草入心、心包經，具有平衡、安撫、消除焦慮與抗憂鬱、精疲力竭時提振與恢復精神的功效，適用於睡眠障礙、青春期認同危機、憂鬱傾向、恐懼、血壓高、心悸、心律不齊等。

肺經：薰衣草入肺經，具有抗細菌、抗病毒、防腐殺菌、抗真菌、退燒、有效刺激免疫系統、促進細胞再生、治療傷口、抗發炎的功效，適用於感冒、支氣管炎、耳痛、中耳炎、發燒、百日咳、頭痛、神經炎、血壓升高、血液循環不暢、曬傷、皮膚過敏、蕁麻疹、潰瘍、皺紋、妊娠紋、濕疹等。

脾、胃、膽經：薰衣草入脾、胃、膽經，具有刺激膽汁分泌和促進消化的功效，適用於腸痙攣、緊張性胃痛、腸胃絞痛、消化問題、心因性胃痛等。

日常應用

感冒；暈眩；下肢潰瘍；痔瘡；傷口；燙傷；護胃；防蟲；預防輻射；預防褥瘡；人工肛門造口保養；肌肉緊繃；焦躁。

使用方法：擴香、外用。

保存方法：置於深色玻璃瓶室溫中保存，建議玻璃瓶放在木盒中，以降低溫度的波動。未開封的純精油可以保存6年，已開封的最好於2年內用完，若已調和為按摩油，於3個月內用完效果最佳。

注意事項：建議避免在懷孕初期使用，低血壓患者避免使用。

香薰用法

作用：安撫激動情緒、舒緩偏頭痛。

配方：薰衣草精油3滴（單獨使用或混合使用）、快樂鼠尾草精油2滴、乳香精油2滴。

用法：將上述精滴入擴香機中，插上電源，享受芬芳的薰香。

按摩用法

作用：緩解肌肉酸痛、幫助身體放鬆。

配方：薰衣草精油4滴、馬鬱蘭精油3滴、迷迭香精油3滴、甜杏仁油20mL。

用法：將上述精油和甜杏仁油混合，按摩於肌肉酸痛部位。

沐浴用法

作用：促進睡眠、安神。

配方：薰衣草精油5滴、檀香精油1滴。

用法：先將上述精油滴入放滿熱水的浴缸中攪散，再進行泡浴，時間以15至20分鐘為宜。

配伍精油

柑橘類精油，快樂鼠尾草、迷迭香、天竺葵、玫瑰、茶樹、乳香、檀香、雪松、馬鬱蘭、丁香、杜松。

廣藿香精油
OIL OF PATCHOULI

英文名稱：Patchouli
植物學名：Pogostemon cablin
科　　屬：唇形科 Labiatae
加工方法：水汽蒸餾
萃取部位：葉、枝
主要成分：廣藿香烯、藿香醇

廣藿香是一種來自遠東的香料，也叫大葉薄荷，在植物香料家族中，廣藿香以香味濃烈持久著稱，因此常被用作定香劑，早就成為香水製造業必需的原材料。香薰時，在複方精油裏滴入一滴廣藿香精油，也可讓香味更加持久。廣藿香在中國、日本、印度有很長的藥用歷史，人們用它來解蛇毒、驅趕蚊蟲。維多利亞時代，人們經常將它夾在布巾中，包裹商品時就可以防蛀了。廣藿香在1826年出現在歐洲貿易中，從用作紡織品香料，到應用於香水製造業，又因為它有神奇的提神和退燒效果，慢慢地在印度、中國、馬來西亞等家庭演變成生活必備物品。在崇尚「花朵力量」的時代，廣藿香和檀香、茉莉一起，成為當時被追捧的時尚植物。除了提振、撫慰等功效外，廣藿香還有放鬆的功效，很多人認為它可以催情，也因此受到熱戀中的男女的追捧。

廣藿香精油是從廣藿香植物的枝葉中提取的，要先令葉片乾燥發酵，再進行蒸餾提取，所以廣藿香精油聞上去會有一種土香味，而且曠日持久，像酒一樣，時間越長，氣味越是醇厚好聞，而且理療效果也越佳，因此又被稱作精油界中的「女兒紅」。

原來，全球產量最高的是英屬馬來亞（馬來西亞前身）的廣藿香精油，從第二次世界大戰開始，塞舌爾島的產量逐漸超過英屬馬來亞，但是品質卻不及前者。廣藿香精油由於氣味強烈，最好小劑量使用。

國醫解讀

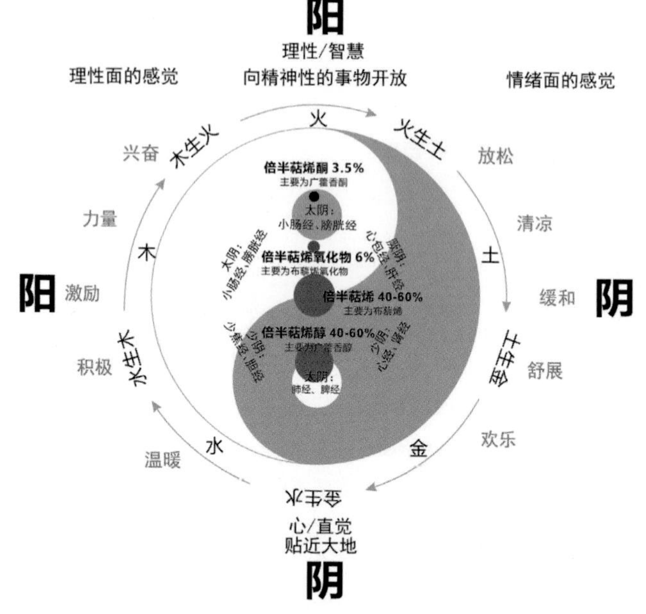

性味與歸經：

性辛、溫。歸肺、胃、脾、大腸、小腸經。

功效：

肺經：廣藿香入肺經，具有鼓舞情緒、平衡、提神、催情的功效，適用於自主神經功能障礙、成癮症等。

胃經：廣藿香入胃經，具有和中止嘔、解暑發表的功效，適用於嘔吐、腹瀉、消化不良，可促進胃腸道分泌消化液、促進食物的消化吸收等。

脾、大腸、小腸經：廣藿香入脾、大腸、小腸經，能控制食欲、消除脂肪團塊、輕腹瀉等。

日常應用

靜脈曲張；痔瘡；痤瘡；受刺激的皮膚；異位性皮膚炎；防蟲；皮膚寄生蟲；自主神經緊張力障礙；緊張、激勵；壓力；上癮症。

使用方法：擴香、外用。

保存方法：置於深色玻璃瓶室溫中保存，建議玻璃瓶放在木盒中，以降低溫度的波動。未開封的純精油可以保存6年以上，且香氣隨著時間的流逝更加圓潤柔和。

注意事項：廣藿香精油低劑量使用時具有安神鎮靜的效果，高劑量使用時具有使人興奮的功效，可引起食欲退。廣藿香精油氣味強烈而持久，酌情少量使用。

香薰用法

作用：提振精神、撫慰心靈、淨化空氣。

配方：廣藿香精油3滴、雪松精油1滴、佛手柑精油1滴。

用法：將上述精油滴入擴香機中，插上電源，享受芬芳的薰香。

塗抹用法

作用：輕濕疹引起的不適，少發生概率。

配方：廣藿香精油3滴、沒藥精油2滴、天竺葵精油2滴、甜杏仁油15mL。

用法：將上述精油與甜杏仁油混合，塗抹於長濕疹處即可。

配伍精油

快樂鼠尾草、花梨木、玫瑰、橙花、佛手柑、天竺葵、沒藥、雪松、乳香、檀香。

桉油樟羅文莎葉精油
RAVINTSARA OIL

英文名稱：Ravintsara
植物學名：Cinnamomum camphora var.cineoliferum
科　　屬：樟科 Lauraceae
加工方法：水汽蒸餾
萃取部位：新鮮葉片
主要成分：桉葉素、蒎烯、丁香花蕾酚

桉油樟羅文莎葉產自馬達加斯加島，也有說這種植物源自日本和台灣，是三個世紀前被殖民者帶入馬達加斯加的。在馬達加斯加語中，Ravintsara的意思是「美好的葉子」，當地人非常珍視這種植物，將鮮葉片做成茶飲，以增強身體免疫力，應對各種病毒的傳播。桉油樟羅文莎葉是一種樟科植物，這種植物通身散發著芬芳的氣息，樹皮、樹葉和果實都有用，無論是作為香料還是入藥，它都是可信賴的一種植物。桉油樟雖然屬樟科，但其精油的樟腦含量並不像其他樟科植物精油那麼高，而是富含桉油醇，這注定了它具有溫和不刺激的特性，也大大拓寬了其應用範疇。有調查稱，桉油樟羅文莎葉精油在眾多精油中抗病毒能力名列前茅，強大的抗毒功效成就了它的赫赫威名，每當流感、鼠疫等傳染病暴發時，此精油會當之無愧，成為人們的首選。特別是對薰衣草精油和茶樹精油味道敏感的人來說，可以換選桉油樟羅文莎葉精油，它的氣味彷彿尤加利，同時散發著一股水果的香甜。

這款精油在芳香療法中，特別適用於處於複雜環境下精神不集中、心情倦怠的人群。它彷彿能為人營造出一個獨立的空間，令人身處其中，梳理和調整被打亂的能量，重新整合自身，重新達到身心靈平衡的狀態。特別是在季節更迭的時候，準備一款桉油樟羅文莎葉精油，預防流感的侵襲，對抗各種病毒細菌的侵擾，保護自己保護家人，成為越來越多的人的品味之選。

國醫解讀

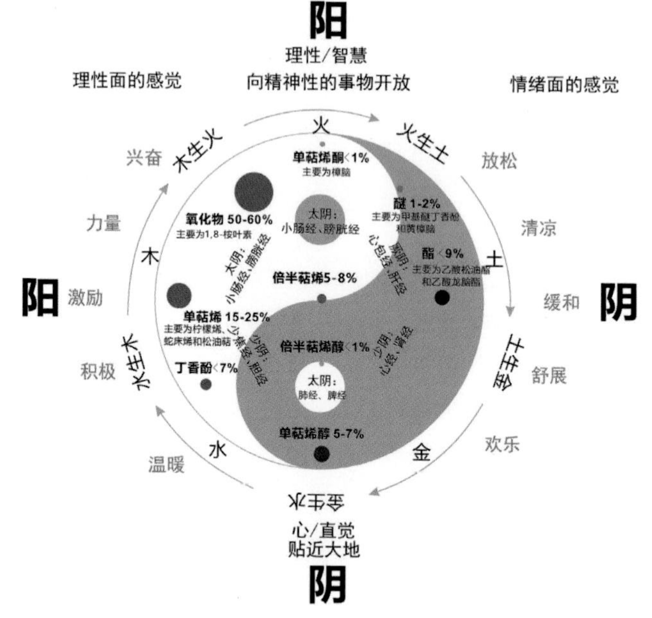

性味與歸經：

味辛，性微溫。歸心、肝、脾、胃、大腸、小腸、膀胱經。

功效：

心經：桉油樟羅文莎葉入心經，桉油樟羅文莎葉是既能滋補身體又能養神的補品，可提高動力又不會令人感到心煩。適用於憂鬱症、失眠、焦慮、情緒不安等。

肝經：桉油樟羅文莎葉入肝經，能清肝解熱，可進行一般性排毒，預防病毒感染與一般性免疫衰弱，適用於肝炎等。

脾、胃、大腸、小腸經：桉油樟羅文莎葉入脾、胃、大腸、小腸經，能止痛並保持關節柔軟與靈活度，適用於骨性關節炎、關節炎和肌肉攣縮。

膀胱經：桉油樟羅文莎葉入膀胱經，具有抗病毒、激勵免疫系統的功效，對於利尿有一定的幫助。

日常應用

感冒預防治療；支氣管炎；口唇疱疹；帶狀疱疹；水痘；生殖泌尿疱疹；精疲力盡。

使用方法：擴香、外用。
保存方法：置於深色玻璃瓶室溫中保存，建議玻璃瓶放在木盒中，以降低溫度的波動。未開封的純精油可以保存6年，已開封的最好於2年內用完，若已調和為按摩油，於3個月內用完效果最佳。
注意事項：使用之前，建議先做過敏測試。

香薰用法

作用：淨化空氣、預防感冒。
配方：桉油樟羅文莎葉精油（單獨使用或混合使用）4滴、檸檬精油2滴、松精油2滴。
用法：將上述精油滴入擴香機中，插上電源，享受芬芳的薰香；或直接滴在面巾紙上置於衛生間等處掩蓋環境異味。

按摩用法

作用：舒緩。
配方：桉油樟羅文莎葉精油4滴、尤加利精油1滴、乳香精油1滴、分餾椰子油30mL。
用法：將上述精油與分餾椰子油混合調勻為按摩油後，按摩不適部位。

配伍精油

薰衣草、洋甘菊、永久花、沒藥、天竺葵、百里香、苦橙葉、玫瑰、迷迭香、檀香、岩蘭草。

芳香植物誌 草木生香

主　　編：葉鳳英

責任編輯：四方媒體編輯部

版面設計：陳沫

初版日期：2022年2月

定　　價：HK$88 / NT$280

國際書號：978-988-14412-0-1

出　　版：四方媒體

電　　郵：big4editor@gmail.com

發行　　　聯合新零售（香港）有限公司

地址：香港鰂魚涌英皇道1065號東達中心1304-06室

電話：(852)2963 5300

傳真：(852)2565 0919

網上購買 請登入以下網址：

一本 My Book One　www.mybookone.com.hk

香港書城 Hong Kong Book City　www.hkbookcity.com